OPR Z2.0
LST
ADV-WH OK.
2-2
M 0.59
BLK
5302A
25000 B
DCLTR

機密解除!!

ペンタゴンの極秘UFO情報

ついにアメリカ軍は未確認空中現象UAPの存在を公式に認めた!!

並木伸一郎

ONE PUBLISHING

機密解除‼ペンタゴンの極秘UFO情報

まえがき

今、ＵＦＯがＵＡＰと名を変え、世界中でＵＦＯの関心が高まっている。

あのペンタゴンが、海軍パイロットが撮影したＵＡＰのビデオ映像を〝本物〟と認めたうえで、ＵＡＰを〝国防上の脅威〟と公言したことが主な要因となっている。

ＵＡＰがペンタゴンに脅威を認識させたのは、威嚇・監視、そして挑発である。ターゲットとなったのは、２００４年の空母ニミッツ、２０１５年の空母セオドア・ルーズベルト、そして２０１９年の駆逐艦オマハを始めとする複数の戦闘艦だ。詳しい状況は本書で触れているが、訓練中の海域に領空侵犯してきたＵＡＰは、ときに接近したり離れたりと、大胆な行動を繰り返した。

ＵＡＰがとった一連の行為・行動は、報告を受けたペンタゴン首脳を激しく動揺させずにはおかなかった。とりわけペンタゴン首脳が驚愕したのは、ＵＡＰが「急旋回、急上昇、急停止、瞬間移動した」という、海軍パイロットたちの目撃証言である。

ＵＡＰが示した驚異的な機動性は、「１０００年先の超テクノロジーだ」と指摘されている。

漏れ伝わる情報では、ペンタゴンは公言こそしていないが、ＵＡＰの正体は、ロシアや中国が放ったドローンの類いではなく、れっきとした、「地球外の飛行物体」だ、と暗に認めるしかなかったという。だが、ペンタゴンが懸念する脅威はこれだけではない。

UAPが、アメリカの核兵器関連施設の上空でしばしば目撃されているという事実だ。ペンタゴンは、UAPが長期にわたり、人類の核エネルギー開発を監視していることを認識している。

そして、ペンタゴンは、彼らの行動が核兵器の無力化につながることを恐れている。詳しくは本書を読み進んでいただくとして、これを懸念した当局は早急にUAP対策を発令している。

最新の情報では、アメリカ空軍はフロリダの東海岸のUAP多発エリアにある空軍基地を利用し、領空侵犯してくるUAPに対し、最先端の追跡装置による活動データの記録と収集を目的とした、新たなレーダー・ステーションの建設を計画しているという。

本書には、機密解除されたペンタゴン情報を筆頭に、筆者が独自に入手した最新の情報と関連画像が網羅されている。さらにはメディアも触れていない秘密組織に関する極秘情報も可能なかぎり書き込んでいる。読み応え十分のUFO、いやUAP本になったと筆者は自負している。

ペンタゴンが秘匿するUAP情報に関して、新たな封印が解かれるときまでに、本書を開いて、UAPの基礎知識とペンタゴン情報および調査機関の動きなどをインプットしておいてほしい。

最後まで読み進んでいただければ、筆者にとって望外の喜びである。

並木　伸一郎

目次

3章 ペンタゴン報告書とUAP

4章 ペンタゴンUFO調査機関の変遷とUAPTF極秘ミッション

5章 UFOと核兵器 137

6章 アメリカのＵＦＯとハイテク兵器化した「ＴＲ－３Ｂ」 189

1章 UFO史に歴史的1ページが加わった！

◯アメリカ海軍戦闘機撮影のUFOビデオをペンタゴンが正式に公認した！

２０２０年4月27日昼過ぎ、アメリカ。UFOの文字がテレビのニュース画面に躍り、さらに翌日には新聞の紙面を飾った！　あのペンタゴン（アメリカ国防総省）が、海軍戦闘機によって撮影された3本のUFOビデオ映像を〝本物〟と認め、公表したのだ！

だが実のところ、これらの映像は２００７年と２０１７年にすでに流出していたものであり、うちふたつはこれまで「ニューヨーク・タイムズ」紙が取り上げていた。残りのひとつもアメリカのバンド「ブリンク１８２」のボーカル、トム・ディロングが共同設立した団体によって発表されていた。

さらに、２０１９年9月20日、アメリカ海軍の公式報道官ジョセフ・グラディシャーが、「映像自体は〝本物〟だ。映っているのは〝未確認飛行物体〟である」と明言した。

今回のペンタゴンによる公表は、それらをすべて踏まえたうえでなされたことになる。

映像はすでに機密解除されていて、公益法人「TTSAS（トゥ・ザ・スターズ・アカデミー・オブ・アーツ＝To The Stars Academy of Arts）」が、２０１７年12月から翌年3月にかけて、ウェブサイト上で一般公開しており、目新しいものではない。だが、ペンタゴンが正式公認したという事実こそが重要であり、UFO史に新たな歴史的1ページが加わったことになったのである。

2021年5月16日、アメリカ、CBSテレビは看板ニュース番組「60ミニッツ」で、UFO（未確認飛行物体）について、「現実に存在する」と証言するペンタゴンのUFO調査・分析プロジェクト「AATIP（先端航空宇宙脅威特定計画）」の元長官だったルイス・エリゾンドのインタビューを放送した。エリゾンドは2010年から2012年まで、AATIPにおいて、アメリカ各軍のパイロットなどから寄せられるUFO情報を、極秘に分析していた。

エリゾンドは同番組で「600〜700G（重力加速度）の力で、時速1万3000マイル（約2万900キロ）で飛行し、レーダーをかいくぐって水上や宇宙も飛行できる技術がある。私たちが目にしているものが〝それ〟だ」と語った。

CBSはこの映像を、2017年にニューヨーク・タイムズ紙にリークしたというクリス・メロン元国防副次官補にもインタビューしている。メロンは番組で、秘密チームが2012年に解散した後、UFOに関する研究が進んでいないことに懸念を抱いたとし「国民の関心を喚起し、調査を始めさせる必要があると考えた」と証言した。

ちなみに、前出のトム・ディロングとルイス・エリゾンドは、TTSAASの設立者でもある。

ふたりは元CIA（アメリカ中央情報局）職員やペンタゴン情報担当次官補などの専門メンバーととも

に、政府が掴んだ内容を探ってUFOの真実を追求するなど、積極的に活動している。従って、当時はペンタゴンの目の上のタンコブ的存在になっており、今回の発表に関しても、少なからず影響をもたらしたと伝えられている。

以上、メディアが伝えた情報である。だが、どれも表面ばかりなぞっている感じで、肝心の撮影された映像に関する詳細がまったく伝わっていなかった。

そこで、あらためて筆者が主宰する「JSPS（日本宇宙現象研究会）」の研究局スタッフたちに正確な情報収集を依頼した。するとすぐに、丹羽公三氏が超優秀で知られるアメリカの研究組織「SFO（UAP研究の科学連合＝Scientific Coalition For Ufology）が提示した278ページの分析報告書を入手し、スタッフたちに披露してくれた。この資料によって映像の撮影過程を含む詳細なデータが明らかになったのだ。

ちなみに、SCUの主要活動メンバーは69人。主に科学者、元軍将校、元法執行官で成り立ち、いずれも技術的な経験と調査の経歴を持ったベテラン揃いだ。加えて博士号を持つ人物、NASA（アメリカ航空宇宙局）に在籍した人物、航空機メーカーのロッキード社、NORAD（北アメリカ航空宇宙防衛司令部）、アメリカ宇宙軍などに在籍した経歴を持つという人物……。見るからに錚々たる人々が集結した、最強の科学的「UAP（未確認空中現象＝Unidentified Aerial Phenomena　UFOに代わる新呼称となる可能性のある用語）」研究組織だ。

【上段】公開されたUAPの映像を本物と認めた海軍の報道官ジョセフ・グラディシャー。
【下段】2017年に映像をリークした元国防副次官補クリス・メロン。

【右】TTSAASの設立者トム・ディロング。バンド「ブリンク128」のボーカルでもある。

パイロットたちの生々しい目撃証言とUFOが示した驚くべき超機動性

さて、2020年4月27日、ペンタゴンから正式に公開された3本のビデオは、それぞれ「FLIR」、「GIMBAL」、そして「GO FAST」というコードネームがつけられている。

FLIRは2004年11月14日、アメリカ海軍の空母USSニミッツから発進した戦闘機F/A-18E/Fスーパーホーネットが、カリフォルニア州サンディエゴ付近、高度1万9990フィート（約6キロ）上空で捉えた映像だ。動画をつぶさに検証すると、上下中央がドーム状になった物体が映ったフレームが確認できる。ちなみに、スーパーホーネットのレーダーがUFOをロックオンしつづけたが、一瞬にして圏外へと消失。それ以上の追跡は不可能だった。

GIMBALは2015年1月21日、空母セオドア・ルーズベルトから発進したスーパーホーネットが、同じくカリフォルニア州サンディエゴ付近の高度約2万5000フィート（約7キロ）上空をマッハ0・58で飛行中、パイロットの目視と同時にレーダーによって捕捉した。録音されたパイロットとセオドア・ルーズベルトとの会話をJSPSスタッフの遠野そら氏が翻訳したので、以下に紹介する。

パイロット1「そこに艦隊がいるようだ。ディスプレイを見てみろ」
パイロット2「監視を開始」
パイロット1「なんてことだ！　西からの風120ノット（1ノット＝時速約1・8キロ）。奴らは風に反しているぞ！」
管制官「監視を続けろ」
パイロット1「何だ、これはいったい何なんだ？」
管制官「いいか、監視を続けるんだ。見失うな！」
パイロット2「あれを見ろ！　回転してるぞ！」

この日は120ノットの西風が吹いていたが、UFOは逆風をものともせずに悠々と飛行していたという。やがてゆっくりと回転をはじめたところで映像は途切れた。その際、右45度に回転、そして左に45度変化しながら、物理法則に反するような動きをしていた。パイロットが「そこに〝艦隊〟がいるようだ」と報告していることから、かなりの数のUFOが現れていたことがわかる。
動画の正式公開に踏み切ったペンタゴンの報道官は、「映像が本物なのかどうか、他にも機密扱いの映像があるのではないか、という一般の誤解を解くため」と説き、「侵入したUFOは、空中現象として〝未確認〟に分類されたままの扱いとなる」とコメントしている。だが、表向きは〝未確認物体〟と断じているが、実際には尋常ではない飛行物体だったことをレーダーの捕捉記録が物語っており、ペンタゴンも十分それを認識しているはずだ。

なお、GIMBAL映像のUAPは、〝自ら回転していない〟という懐疑論者の主張があったが、これについては丹羽氏がすぐに調査し、「戦闘機に搭載された「ATFLIR（高性能前方監視赤外線レーダー＝Advanced Targeting Forward Looking Infrared）回避目標をロックオンし、武器を誘導して破壊するための高度なセンサー」の設計・製作のエキスパートがGIMBAL映像を語る動画があり、そこでUFO＝UAPの回転を断言している。映像のUAPは光学的なイリュージョンではなく、自ら回転していると証言している」との情報を伝えてくれた。

◯驚愕！　瞬時に時速2万キロで移動した謎のUAP「チックタック」

GO FASTの場合は、水面を滑るかのように高速移動する白色物体を、USSニミッツから迎撃している。その後、マッハ0・61で飛行中のスーパーホーネットが4度目のトライで捕捉に成功。同映像には、同機の搭乗員たちの会話も記録されている。搭乗員たちの興奮した驚きの肉声

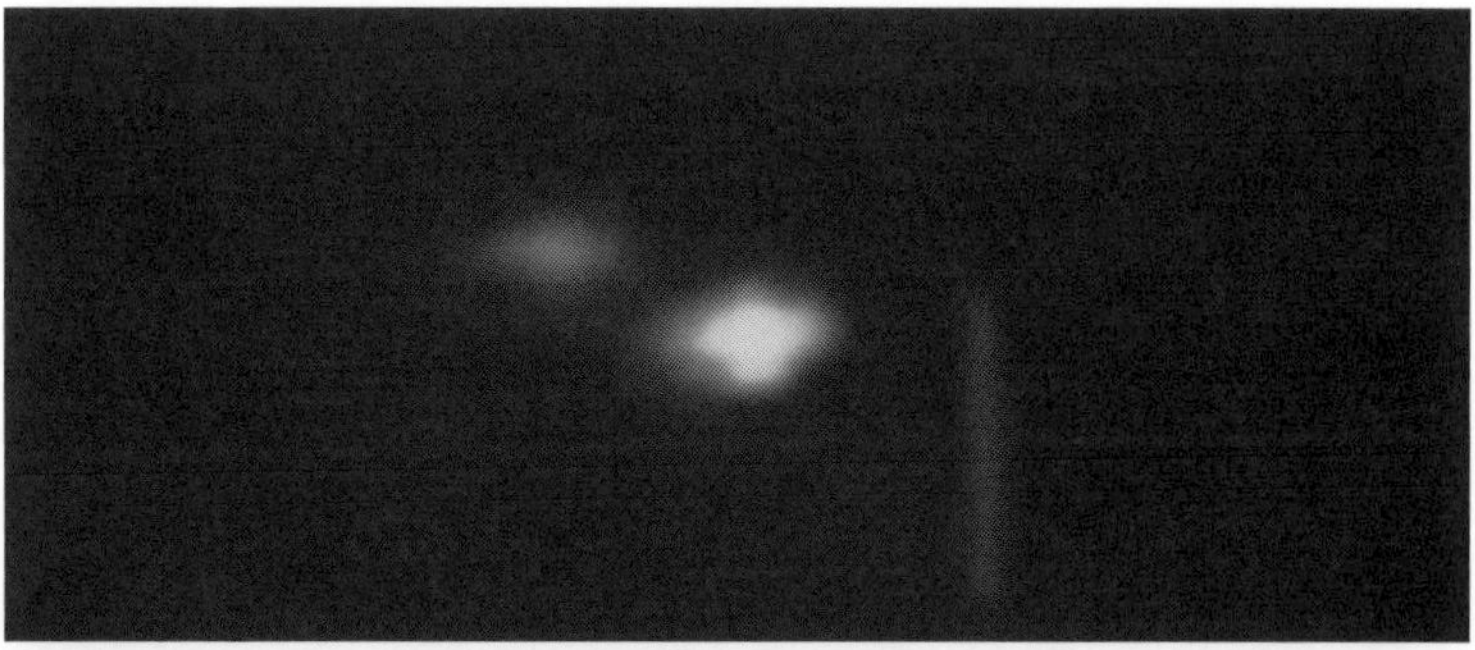

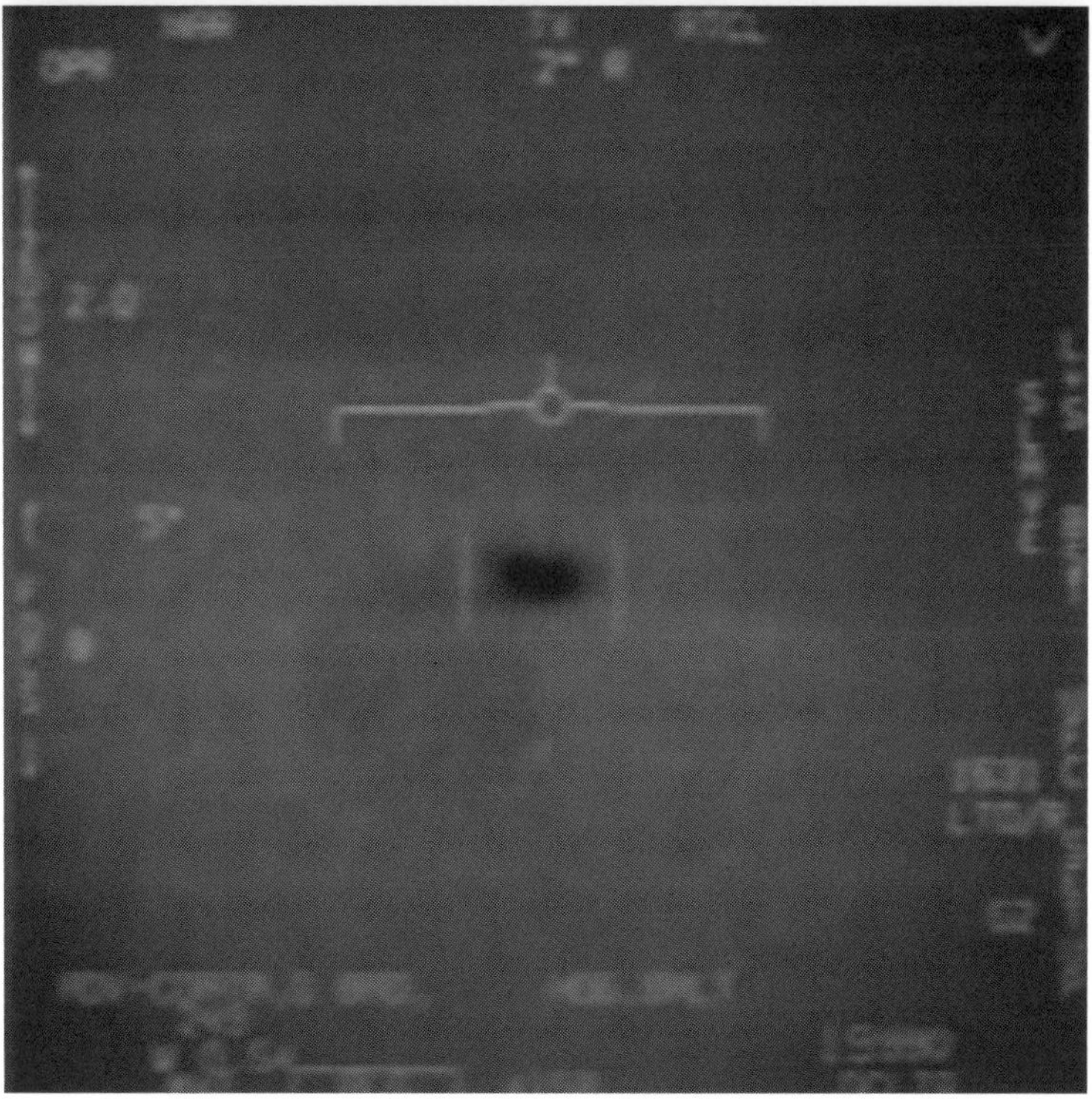

2004年11月14日に撮影された「FLIR」の映像。
ドーム状の飛行物体は急加速して、戦闘機のロックオンを振り切った。

を、遠野そら氏の翻訳により、次に紹介しよう。

パイロット1「やったぜ、捉えた！　ヒャッホー！」
パイロット2「何なんだ、あれは？」
管制官「領空侵犯の可能性があるぞ」
パイロット1「ターゲットをロックしたか？」
管制官「攻撃体制にあるか確認しろ」
パイロット2「いや、自動追跡だよ」
パイロット1「まじ、すげーな。何だありゃ？　飛んでるぜ（笑）」

前出のビデオ映像「ＦＬＩＲ」が記録したのは、２００４年11月10日から16日にかけて、それまでカリフォルニア州東海岸沖で多発していたＵＡＰだ。このとき、同海域では空母ＵＳＳニミッツ以外に、同じく空母のＵＳＳプリンストン、艦載戦闘機の編隊が訓練中だった。ＡＡＴＩＰの公式報告書によると、この期間内にＵＳＳニミッツの航空部隊が、ＵＡＰと数回にわたり遭遇していたことが明らかになっている。

姿を見せたＵＡＰは映像でもわかるように、信じがたい機動性を発揮、高度６万フィートから海

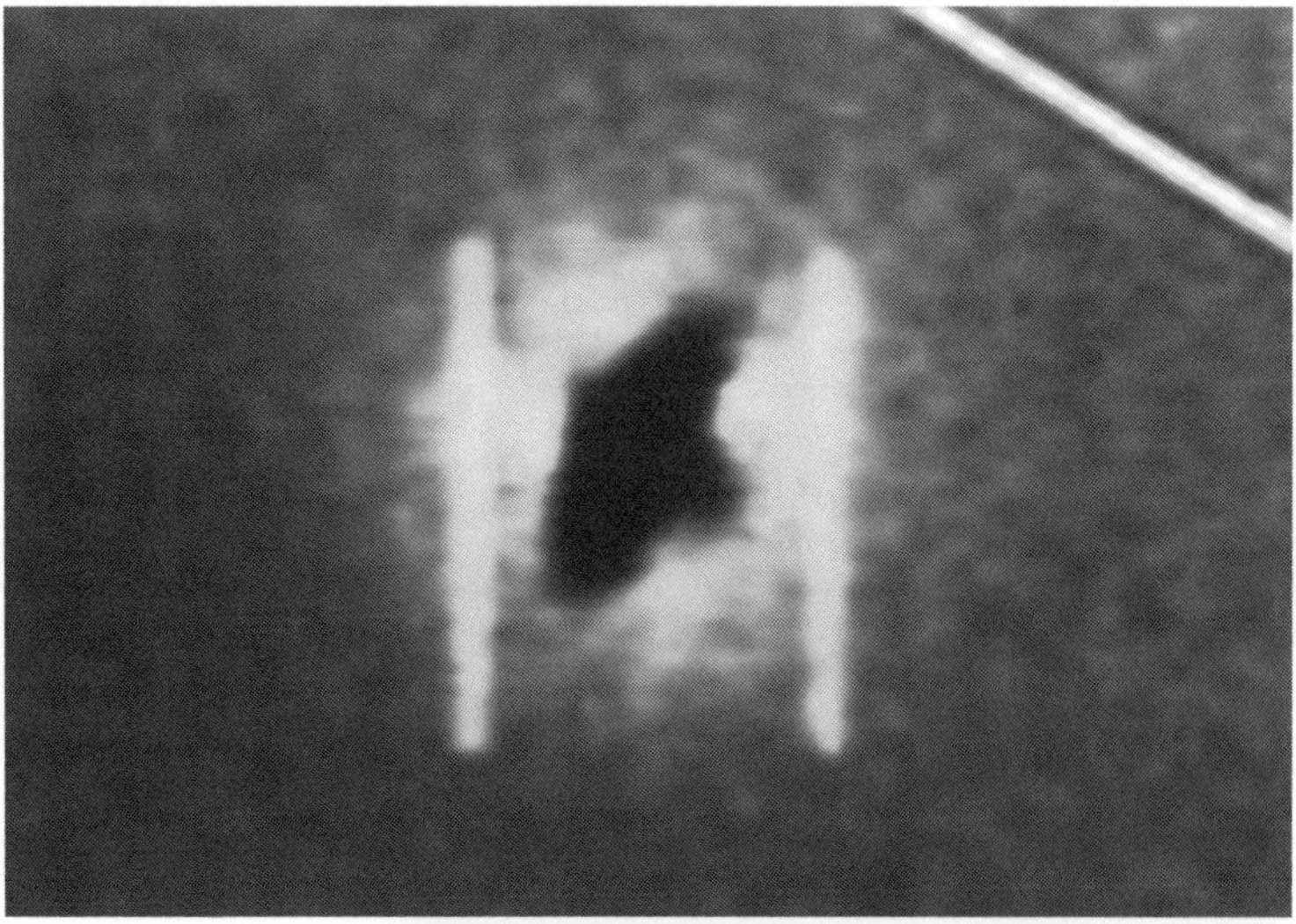

「GIMBAL」のＵＡＰ。2015年1月21日にサンディエゴ上空で撮影。

面すれすれまで移動するのにわずか1〜2秒足らず。海面上方をホバリングしたかと思うと「高速高回転」で姿を消すという飛行姿勢を示したのだ。当時の最強を誇る防空センサーや戦闘システムをもってしても、UAP＝UFOの連続追尾は不可能だった。

そして11月14日。このときの状況をもう少し詳述しよう。

午前10時すぎ、USSニミッツのレーダーがサンディエゴ沖にUAPを捕捉、そのとき、すでに上空にいた3機のスーパーホーネットが射程距離に入っており、この未知の機体を迎撃するよう指示された。1・6キロまで接近したところ、翼のない白い物体が、見えない壁にピンポン玉のようにぶつかって跳ね返っているのが見えた。そして、その下の海面は沸騰したように泡立っていた。ベテランの戦闘機パイロット、デイブ・フレイバー中佐が確認のため降下してみたところ、UAPは長さ約12メートルのなめらかで白色の物体だった。翼や排気口、エンジンなどの制御面は見当たらない。やがてUAPは、フレイバー機との距離を保ちつつ螺旋状に上昇しはじめ、加速したまま2秒ほどで視界から姿を消した。

フレイバー中佐が観測したUAPの驚異的な加速は、USSプリンストンのレーダーでも観測された。さらに、USSプリンストンはフレイバー中佐に無線で、戦闘機隊訓練のためのUSSニミッツとのランデブー・ポイントとして選んだ場所に、UAPが直接飛んできたことを告げた。それだけではない。驚くべきことに、UAPは艦隊の暗号通信を読んでいるか、あるいはその日のう

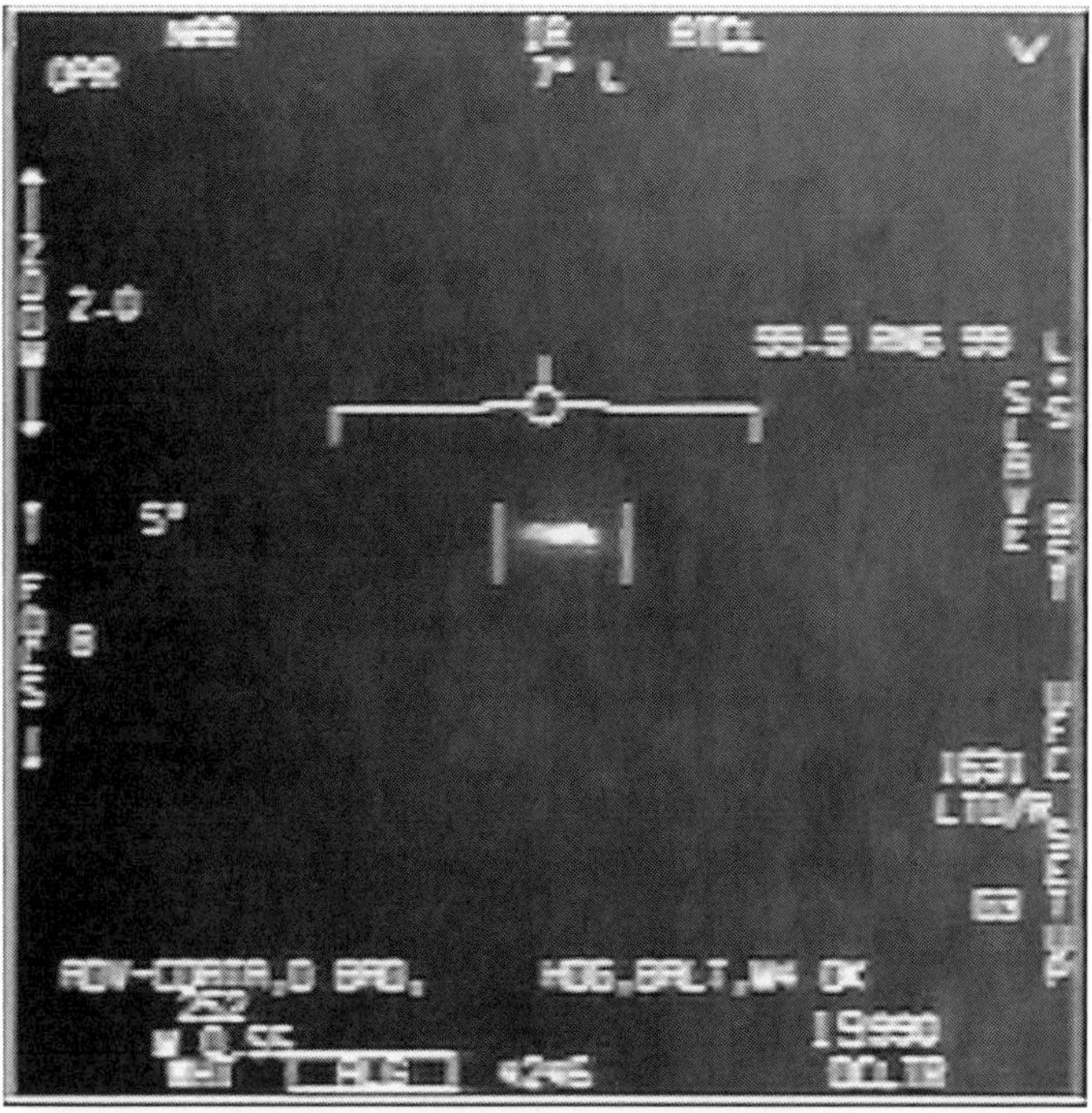

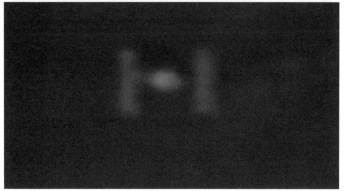

公開された映像のひとつ「GO FAST」。アメリカで売られている菓子から
チックタックと呼ばれる。下は輪郭を強調した映像。明確な翼や尾翼は見当たらず、
飛行原理は不明である。超高速でスーパーホーネットのロックオンから逃亡している。

ちにその場所で彼らを観察していたとしか思えないということも知らされたのである。なお、このUAPは見かけがラムネ菓子の一種「チックタック」に似ていたことから、以後チックタックと呼ばれるようになった。

チックタックは急加速と急発進、物理的にありえない動きをした！

午後3時すぎ、燃料が減少したフレイバー中佐たちがUSSニミッツに帰還した後、チャド・アンダーウッド中尉が操縦する3機目のスーパーホーネットが発進。約3・2キロ飛行したところで、アンダーウッド中尉はレーダーと前出のATFLIRでUAPの姿を確認した。

だが、不思議なことに、ターゲット＝UAPは動いておらず、滞空しているのにロックオンできないのだ。まるでUAPがレーダーターゲット・システムを〝妨害〟しているかのようだった。回避行動下でも軌道を維持し、あらゆる妨害に耐えるように設計されているシステムにもかかわらず、だ。極めて異例な事態が起きていた。だが、幸いなことに、アンダーウッド中尉は4度目のトライでこのUAPを捉えることができた。しかも、実に約16キロ離れた位置から、高度約4600～7300メートルの空中を浮遊するチックタックの撮影に成功した。これがビデオ映像「FLI

チックタックと遭遇したUSSニミッツ。

【下段右】スーパーホーネットでUAPに接近したパイロット、デビッド・フレイバー中佐。
【下段左】チックタックを撮影したチャド・アンダーウッド中尉。

R」というわけだ。

だが、不思議である。通常、航空機には推進を司るエンジンが搭載されており、赤外線カメラがエンジンの周囲に発散される熱を感知できるはずなのだ。ところが、チックタックには排気熱や推進エネルギーによる熱の兆候が見られなかった。そればかりか、チックタックはこのとき、時速1600キロから急激に時速2万キロで左に急加速。レーダーの追尾機能を振り切って飛び去っている。

USSプリンストンの戦闘情報センターによると、チックタックは極超音速まで瞬時に加速し、レーダーのロックオンから脱出するという驚異的な能力を再び発揮したという。あまりの速さに、USSプリンストンのレーダー担当者は「弾道ミサイルの追跡用に設計された優れたレーダーシステムでも、この飛行体の極端な動きを追いかけることができなかった」と驚いている。

AATIPはUAPについての報告書で、次の6点を指摘している。

・「高性能空中移動機」は原産地不明の存在で、アメリカやその他の国家が保有する技術以外を利用していた。
・ブロードバンドでの無線周波数で探知できず、レーダーもほとんど無力だった。
・物体の性能には目を見張るものがあったが、通常の飛行機に必要な揚力構造や制御面は見当

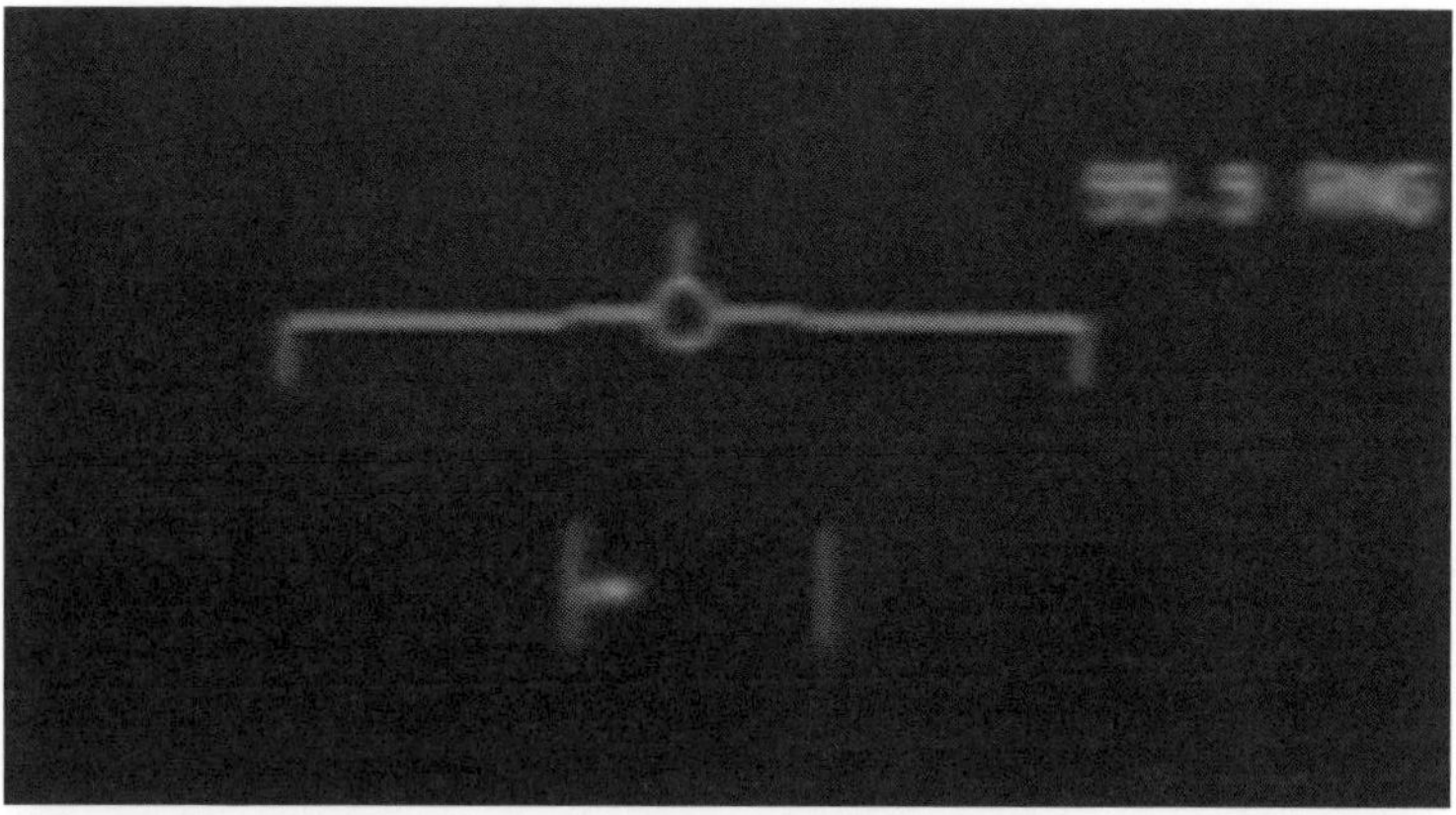

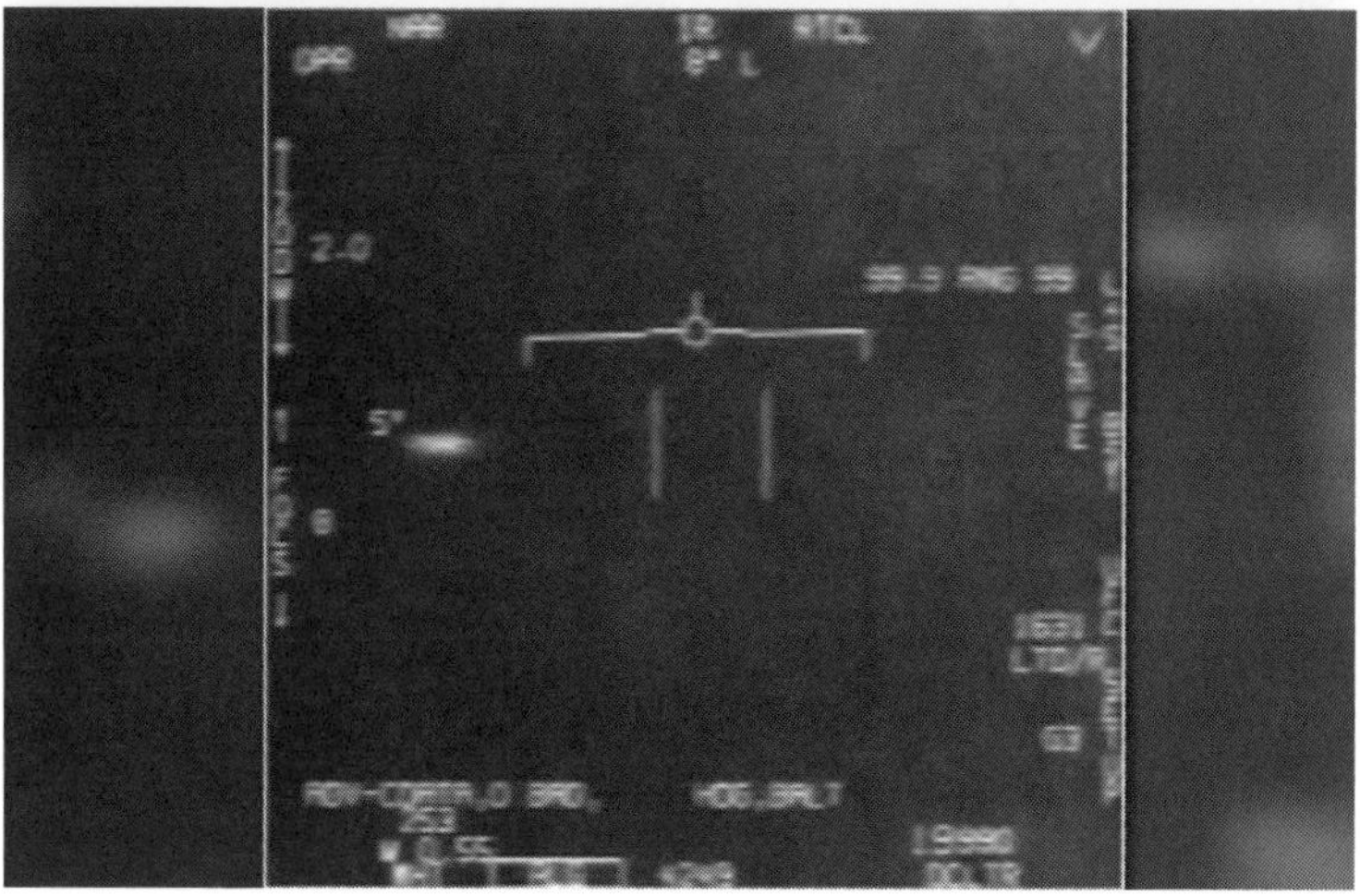

【上段】瞬時に移動するチックタック。
【下段】最終的に猛スピードでスーパーホーネットのロックオンを外して飛び去って行った。

たらなかった。

・何らかの高性能推進手段を使い、滞空状態から超高速飛行まで瞬時に移行しながら、飛行方向も瞬時に変更していた。

・機体には「透明化」機能があり肉眼では目視できなくなっていた。

・水中での活動も可能と思われるが、最新の海中センサーでも探知が不可能だった。

ＡＡＴＩＰは、多発したＵＡＰがアメリカのものでなければ、この世のものではない尋常ならざるテクノロジーの産物だ、と結論づけている。

◯高性能前方監視赤外線レーダー「ＡＴＦＬＩＲ」

丹羽氏によれば、スーパーホーネットに装備されたレイセオン社製のＡＴＦＬＩＲには、市場で最も先進的なセンサーと強力な追跡レーザーが含まれており、高解像度で40海里を超える距離にあるターゲットを特定して捉えることができるという。また１００万時間以上も使用されている実績のある高性能の赤外線カメラシステムは、３６０度回転することが可能で、画素数は６４０×４８

【上段】スーパーホーネットの下部に搭載された高性能前方監視赤外線レーダー「ATFLIR」。
【下段】チックタックとスーパーホーネットの大きさの比較。

0、視野角が0・7度から6・0度まで可変。ズームは30倍から60倍まで可能という超すぐれものだという。

JSPS研究局スタッフの雲英恒夫氏は、ATFLIRは、ターゲットをロックオンすると、照準の中央に捉え続ける追跡機能が付加されており、ロックオンから脱出できるのは相応の機動力（急旋回、急加速等）を持つ航空物体しか存在しないと指摘している。

ところが、ビデオ映像「FLIR」が捉えたチックタックUAPは突然姿を消し、追跡は不首尾に終わっている。UAPは最後に高速で左に超急加速。レーダーの追尾機能を見事に振り切っているのだ。

雲英氏は、「これぞまさに従来から報告されてきたUFO特有の超機動性だ。このときUAPは40〜数百Gの加速度で瞬時に移動している。40Gは地表重力の40倍、アメリカの最新の戦闘機でも9G程度しか出せないのに、だ。操縦者が乗っていたとすれば、それは当然、人間ではありえない。もしかすると無人機だったのか？　いや、それ自体が生物だったのだろうか？」と自問している。

さらに「少なくともこのUAPは、赤外線領域において周囲とは違う発色をしていたということになる。自然界では、竜巻のような現象なら周囲と温度差も発生し、ある程度の画像として捉えられるかもしれないが、このような形状になるとは思えない。たとえば、自動追尾が苦手とするのは、急加速、急旋回など視角が急激に変化する場合だ。一瞬で消失したと思うほど変化されれば、いくら高性能の自動追尾装置でも追い切れないはず。ただし、これは赤外線追尾の場合であって、電波を使った地上レーダーサイトは、かなりの広範囲を捜索しているので、追尾はしやすい。ちなみに、電波による追尾を逃れるには低高度にして電波捜索の範囲の外に出るか、電波吸収、または特定方向反射（反射電波がレーダーサイト方向に反射しないようにする場合）だろう」

とコメントしている。

◯チャド・アンダーウッドの証言

ところで、USSニミッツの艦載機パイロット、チャド・アンダーウッド大尉（事件当時は中尉）が、事件後15年の沈黙を破って、２０１９年12月、「ニューヨーク・マガジン」誌のインタビューを受けて、UAPとの遭遇体験を次のように語っている。

「最も印象に残っているのは、あの物体の異常な動きです。異常なという言葉で表したのは飛行高度や速度から始まって、何から何までこれまで遭遇したことがない飛行体だったからです。物理的に異常としかいえない動きを見せていたのです。目を見張るばかりでした。操縦者がいたのかいなかったのかはわかりませんが、いずれにせよ航空体は物理の法則に従って動くと考えるのが普通でしょう。きちんと説明できる上昇や推進の仕組みがあるべきです。あの物体は違いました。上空2万フィートを飛行していて、次の瞬間にわずか100フィートまで降下したのです。これは不可能です」

このチックタックUAP事件が、結局は情報開示を求める機運のきっかけとなった。海軍パイロットが撮影した他のふたつのビデオ映像についても、ペンタゴンは機密扱いを解いたが、その一方でアメリカ政府は捉えられたUAPの画像について、何も答えを出していない。

2021年6月、アメリカ政府が組織したUAPタスクフォースが行っている調査のウォッチャーとして知られる、ドキュメンタリー映画監督ジェレミー・コーベルは、アンダーウッド大尉と直接言葉を交わしている。このとき、アンダーウッド大尉は興味深い事実を明かしている。

「ターゲットをレーダーにロックオンした瞬間、妙なことが起こりはじめた。私はこのとき、ターゲットが通常の性質の飛行物体ではないと思った。スピードから考えても普通じゃない。計器を見たら、その物体が妨害行動を取っていることがわかった」

アンダーウッド大尉が初めて明かしたチックタックUAPによる妨害行為。まさに宣戦布告としか思えない。そして当時、報告を受けたペンタゴンは〝国防上の脅威〟を認識し、対策を講じたはずだ。一連のUAPの国防上の脅威については、後章で説いていく。

なお、本稿執筆中、チックタックUAPに関する新たな情報を入手したので、次に紹介しておきたい。

USSニミッツ打撃群入手データが物語るUAPのテクノロジーは現実だ！

このように、UAPが軍の管理下にある空域に侵入する事例は確実に増えていた。それも1か月に何回も起きるという事態を鑑みて、2019年4月、アメリカ海軍情報戦争作戦部副部長室のスポークスマン、ジョゼフ・グラディシャーが「ワシントン・ポスト」紙のインタビューに答えて、次のように語っている。

「特筆すべきは、2004年に空母USSニミッツの艦載機による打撃群を巻き込んで起きたUAP遭遇事例である。1回だけではなく、何日か連続して起きたこの事例に関しては、数多くの信頼できる証言がある。加えて、われわれは何時間にもわたる目撃証言を含む公式報告書を入手している。事件に関係した艦船の船員と海軍所属のパイロットが、時間の経過とともに名乗り出ている。明らかになっている主な要因。それは地球人類が有する推進理論や操縦管理、物質科学、そして物理学の概念をすべて打ち砕くテクノロジーが存在するという事実だ。

もう一度強調しておきたい。USSニミッツ打撃群のUAP〝チックタック〟との遭遇事例は、SFにだけ出てくると思われたテクノロジーが実在することを証明した。こうしたテクノロジーは本物なのだ」

グラディシャーにそうまでいわしめたのには、れっきとした理由がある。

UAPと遭遇した打撃群は、世界で最も進んだタイプの検知システムを有していただけではなく、こうしたシステムを問題なく稼働させるための最新鋭コンピューターネットワークも完備していたからだ。「CEC（共同戦闘能力）」と名づけられた検知システムとコンピューターネットワークの連携体制に基づく防空体制が、空母打撃群レベルの部隊に対して装備されたのは、このUSSニミッツ打撃群が初めてだったという。

基本的なレベルでは、SPY－1型レーダーやイージス戦闘システム、高度画像プロセッシングと連動するE－2Cホークアイなど、巡洋艦や駆逐艦が搭載している強力な偵察機器が駆使される。打撃群にとってターゲットとなる物体の動きは、さまざまな感知機器の働きですべて監視される。USSニミッツ事件では、さまざまな角度やさまざまな距離から、UAPが監視されていたのだ。

さらに、データリンクの接続性と機能が強化された遠隔測定法を組み合わせれば、武器を搭載する艦船や航空機がターゲットを攻撃する際、それぞれ独立した系統の感知機器データを頼る必要はない。たとえば、巡洋艦がホークアイのデータを活かしながら低空飛行する航空機を攻撃することもできるし、スーパーホーネットのパイロットは自機が搭載するスコープを使うことなくミサイルを発射できる。

ここで重要なのは、打撃群が展開していたカリフォルニア沖の海域において、高度な飛行性能を見せるチックタックUAPに関するデータが、最新鋭感知装置によって得られたという事実にほかならない。こうした質が高く、かつ重要なデータを得られたことが、ペンタゴンが報告書を出さざるをえなくなったきっかけとなったのだろう。

空軍によってチックタックUAPの極秘レーダーデータが押収されていた！

実はこの事件直後、多くの目撃者の証言により、ホークアイとイージス搭載艦のCECデータを記録したハードドライブが、理不尽なやり方で押収されたことが明らかになった。

制服を着た複数のアメリカ空軍士官が、事件に関係した艦船を次々と訪れて各種装置を押収し、一連の作業が終わると二度と姿を見せなくなったというのだ。この話は噂の類いではない。USSニミッツ打撃群に属する艦船に配属されている多くの軍人が、同じことを語っているという。それと同時に、少なくとも公式レベルにおいて、アメリカ海軍はこの件に関するすべての調査を終了したようだ。

先に触れた事後レポートには、USSニミッツ打撃群の情報高官（氏名は削除されている）が、第3艦隊あるいは第2艦隊の情報高官に対し、事件に関するメールを送信して警告を発した事実が記されている。このメールは「ミッションレポート（任務報告書）」と呼ばれており、映像をはじめとする詳細な情報が含まれていた。

理由は明らかにされていないが、第2および第3艦隊の士官たちは、当時の命令系統の中でこのミッションレポートを上申しなかった。それだけではない。レポートそのものを削除した。書類の形で存在することは推測したようだが、調査過程において書類を捜し出すよう指示が出された形跡は見つかっていない。

こうした話から、軍の上層部に属する人物が、事件の真相に迫るため打撃群の極秘レーダーデータを入手したがっていたことがわかる。データは単に消去されたのではない。差し押さえられたのだ。搾取と形容したほうが正しいかもしれない。同時にこの話の内容は、打撃群の艦船によって収集された情報が、ペンタゴン内の特定のグループにとってきわめて重要だったことを示唆させずにはおかない。

カリフォルニア州の太平洋沿岸に点在するチャンネル諸島から、同じくカリフォルニア州南部沿岸にわたる警戒海域と稼働海域は、アメリカ軍が管轄する訓練域の中でも最良の区域であり、機密

A Forensic Analysis of Navy Carrier Strike Group Eleven's Encounter with an Anomalous Aerial Vehicle

SCU
Scientific Coalition for Ufology
Scientific Inquiry of UFOs, USOs and UAPs

ANALYSIS OF EVIDENCE AND RESULTING CONCLUSIONS
BY THE SCIENTIFIC COALITION FOR UFOLOGY

SCUレポート。UAPの速度や大きさなどの詳細なデータが記録されている。

保持体制も整っているため、最新鋭機器の実験や特定の演習にも最適だ。

言葉を換えていうなら、空と海、そして海中に対するベストな哨戒体制が整った訓練／実験海域であり、最精鋭部隊の面々が最新鋭機器を使える状態だったということになる。

筆者なりの推測をするなら、USSニミッツ打撃群は、おそらく領空侵犯してきたUAPに対して迎撃したのではないか。だからこそ軍がデータを押収していったのではないのか？　押収されたレーダーデータには、そのあからさまな証拠が写っている可能性が十二分にある。

JSPSスタッフの間でも謎と疑問が尽きないチックタックUAP。関係者やアンダーウッド大尉の証言からしても、既知の飛行テクノロジーをはるかに凌駕していることだけは疑いようのない事実だ。さらに指摘しておきたいのは、UAP＝UFOが戦闘機の追尾に気づき、ロックオンから脱出したという事実。さらにはレーダー機器への妨害行為。これらは明らかにチックタックが知的コントロールされていた、という証拠に他ならない。

このチックタック事件のビデオ映像こそ、「UFOの実在を証明する〝ハード・エビデンス〟のひとつ」といっていいだろう。そして、次に踏むべきステップは、UAPをコントロールしている者の正体を見極めることだ。それは異星人もしくは異次元人なのか？　地球内部などに人知れず存在する未知の知性体、あるいは文明、はたまた〝影の組織〟から派遣され、飛来しているのか？

まだまだ謎は尽きない！

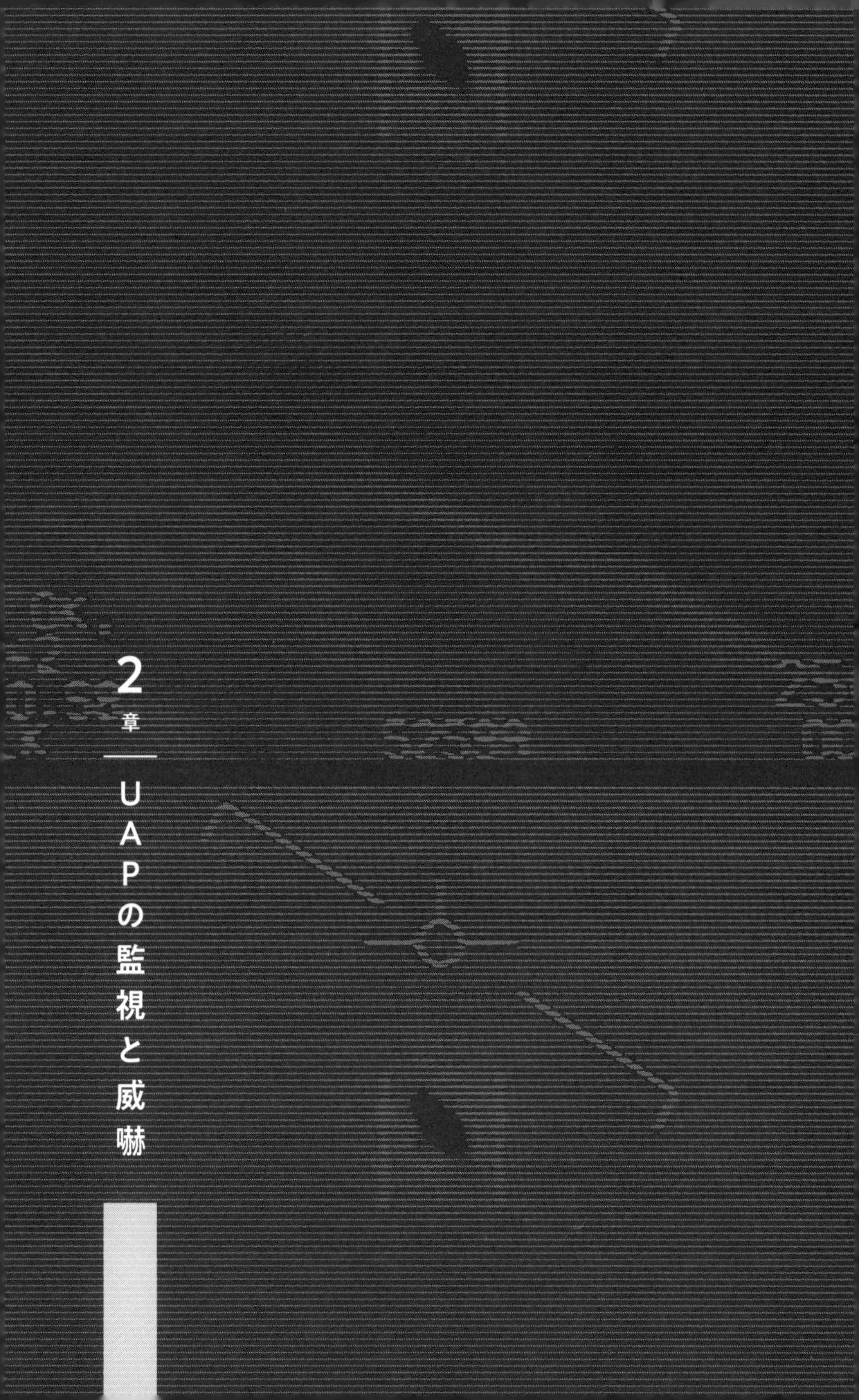

2章

UAPの監視と威嚇

◯カリフォルニア州沖合で駆逐艦が遭遇した複数のUAP

カリフォルニア州チャンネル諸島。サンタバーバラ郡、ロサンゼルス郡、ベンチュラ郡という3つの郡に属するこの諸島周辺にはアメリカ海軍の訓練海域がある。

2019年7月、同諸島近辺訓練海域では奇妙な事件が続発した。数日間にわたり、海軍が「ドローン」または「UAV」と呼んでいる正体不明の航空機、すなわちUAPが、海軍所属の艦船の周辺に出現したのだ。それらは艦船を、まるで監視や威嚇したりするかのように追い回した。

この遭遇事件が勃発したのは7月14日の夜10時頃。視界が非常に悪い日だった。現場はロサンゼルスから160キロほど離れた訓練海域内。複数の正体不明航空機＝UAVが、海軍所属の艦船の周囲を長時間にわたって飛行、その尋常でない性能を見せつけたという！ UAVにまとわりつかれたのは、USSキッド他、USSラファエル・ペラルタ、USSラッセル、USSジョン・フィン、そしてUSSポール・ハミルトンといった各ミサイル駆逐艦だった。

ちなみに、同事件が露見したのは情報公開法に基づき、軍船舶の「甲板ログ（船内およびその周辺で発生した出来事が時系列に記録されたもの）」が開示されたことによる。

では、この後も続くことになる一連の遭遇事件の第1夜について詳述しよう。それは、USSキッド艦上から訓練海域内に、無断侵入したUAVの目撃から始まった。当時の航海日誌には艦船の航路と速度が明記され、加えて不規則的な出来事や艦船の行動の変化に関する詳細な情報も記録される。従って日誌には、最初のUAV目撃についても記されている。

USSキッドをはじめとするミサイル駆逐艦には、最新型の感知装置が搭載されている。市販レベルのカメラを持った乗員たちが不審な物体を素早く見つけ、記録チームがそれを画像や映像の形で残す。なお、こうした艦上で画像分析を行う記録チームは「SNOOPIE（航海・画像判読／活用チーム）」と呼ばれる。そして、正体不明の物体との遭遇、特記すべき出来事などについて記録を残す役割を担っているのだ。

目撃直後、USSキッドは作戦行動上の安全確保と生存率を高めるために策定されている通信制限体制に入った。なお、この状態は「リバーシティ1」という言葉で表現され、航海日誌の随所に残されている。艦船は固有の電子放出を極力抑える〝発信規制〟を取ることがある。つまり航海日誌に記録を残すのは、艦船の〝身バレ〟を防ぐためということだ。

目撃後10分以内。USSキッドはUSSラファエル・ペラルタに対して状況報告を行った。当然ながら、USSラファエル・ペラルタの航海日誌にも、午後10時ごろに自らのSNOOPIEが活動を開始した旨が記されている。また、USSジョン・フィンからも目撃情報が届いていた。

ただし、USSジョン・フィンの航海日誌には、UAVの活動があった可能性、そして船舶自動識別システムが停止したという記録しか残されていない。船舶自動識別システムの選択的停止という行動により、複数の艦船の航海日誌の内容を時系列的に並べて照合する作業が必要となり、事件発生当時における艦船の位置を再現する作業に支障が生まれたのだろう。

USSラファエル・ペラルタの航海日誌の内容は、よりドラマティックで、飛行甲板上空で滞空する白い光について記されている。さらに日誌には、UAVが同艦の16ノットという航行速度に追いつき、そのままヘリポートの上空で一定のスピードを保ちながらついてきたと記されている。

ここでこのUAVの正体を鑑みるに、仮に市販のドローンだとしたら、こうした緻密な動きを夜間に、しかもきわめて視界が悪い中（事件発生当時の視界は1海里＝1852メートル以下）で遂行するのは不可能なはずだ。

しかも、同時点で最初の遭遇からすでに90分が経過している。市販のドローンでは到底ありえない飛行継続時間の長さだ。従って、UAVがドローンだった可能性はかなり低いといわざるを得ない。

ちなみに、艦船のAIS（自動識別装置）のデータによれば、当の海域には民間の船舶も何隻か航行していた。AISのシステムを常にオンにしておくことは、航行中の必須条件ではない。従って、他の船舶が艦船の近くを航行していた可能性はあった。

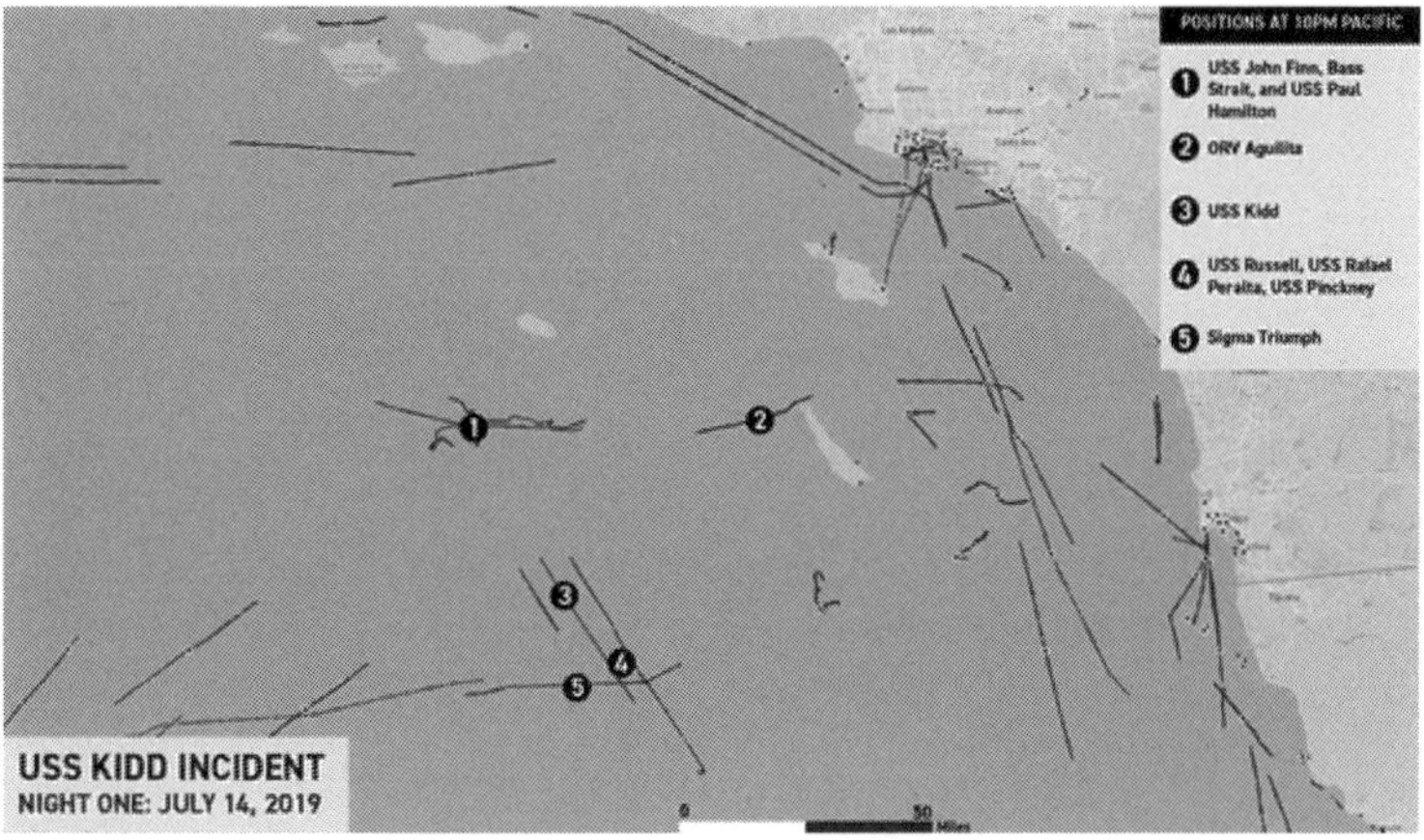

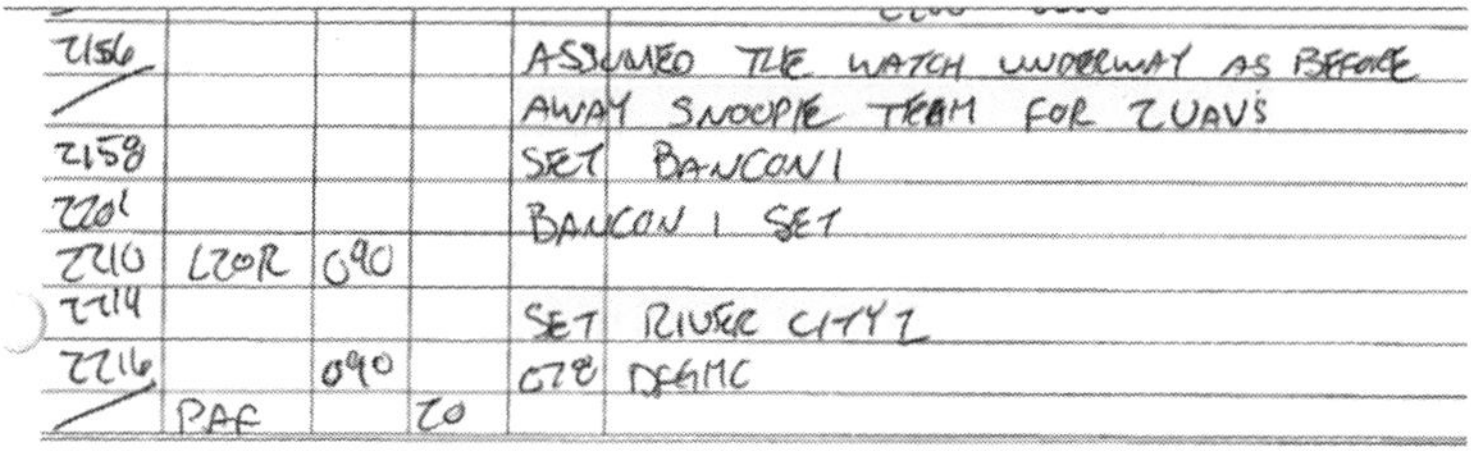

2156					ASSUMED THE WATCH UNDERWAY AS BEFORE
					AWAY SNOOPIE TEAM FOR 2UAVS
2158					SET BANCON 1
2201					BANCON 1 SET
2210	L20R	090			
2214					SET RIVER CITY 1
2216		090		078	DEGMC
	PAF		20		

【上段】7月14日のロサンゼルス港の海運状況を示した図。
【下段】UAVとの遭遇について書かれた航海日誌の一部。

そして案の定、後の調査で民間の輸送船バス・ストレイト号が、問題の海域の北端を航行していたことが明らかになった。リベリア船籍のオイルタンカー、シグマ・トライアンフ号も、3隻の駆逐艦のすぐ南を航行していた。

初期段階で公式調査の対象となった長さ15メートルの双胴船ORV（海洋調査船）アルギータ号は、ロサンゼルス沖合にあるサン・クレメンテ島西端海域を航行していた。重要なのは、このサン・クレメンテ島が海軍の管轄下にあり、軍事訓練および、実験にしばしば使われているという事実である。

参考までに、7月14日のロサンゼルス港、サンディエゴ港周辺の海運状況を示しておく（43ページ）。番号がふられているのが、午後10時の時点でのそれぞれの艦船の航跡だ。

2隻のミサイル駆逐艦とORVアルギータ号の航跡は、50海里ほどの距離を保ちながら三角形を描いていることがわかる。

面積で示すと、約1000平方海里の海域ということになる。バス・ストレイト号とUSSポール・ハミルトンは①の海域で、比較的近い距離内に位置していたことがわかる。ORVアルギータ号は②の海域、サン・クレメンテ島の北端を航行していた。USSキッドは③の海域、そして3隻のミサイル駆逐艦は④の海域にいた。シグマ・トライアンフ号はそのすぐ西側である⑤の海域を航行していた。

◯ 事件第2夜「2019年7月15日」

第2の事件は、2019年7月15日の夜に起きた。

当夜、複数のUAPに接近遭遇されたのはUSSラファエル・ペラルタだった。午後8時39分、SNOOPIEチームが配備される。そして、午後9時までにUSSキッドもUAPに気づき、自艦のSNOOPIEチームを配備。

UAVは、まるで作戦行動に基づくようにして、現場海域の複数の艦船を追跡する動きを見せた。当夜のUSSキッドの航海日誌には、午後9時20分までに〝多数のUAVに取り囲まれている〟という記述が残されている。不思議なことに、〝上空〟という言葉に線が引されて消されていたのだが……。さらに17分後、〝MARK87〟による事態対処命令が発令されたことが明記されている。

MARK87とは巨大な艦載装置で、MK20電子光学可視化システム（以下MK20）として機能する電子光学導波器だ。

同装置は赤外線装置と砲塔状の光学装置から成り、艦橋の上に設置されている。このMK20の第一義的な役割は、USSキッドの5インチ砲の操作の支援だが、それに加えて長距離における偵察・追跡行動も担う。

なお同時刻、USSラッセルの航海日誌に状況の慌ただしさについて書かれた記録が残っている。UAVの飛行高度が下がり、前後左右に飛び回っていたのだ。

一方、USSラファエル・ペラルタはすぐ近くを通過したクルーズ船カーニバル・イマジネーション号から、現場海域を飛行するドローン＝UAVが、自船のものではないとの無線を受けている。同時に5〜6機のUAVが、至近距離で飛行していることも報告してきた。

この出来事はさらに続き、USSラファエル・ペラルタの航海日誌には、至近距離で飛ぶUAVの数が2機から4機に増えたことが記されている。USSラッセルの日誌に記された最後の目撃の時刻は、真夜中を迎えるころだった。この遭遇事例はおよそ3時間にわたるものだったが、関わった艦船はいずれもUAVの正体を明らかにできなかった。

第1夜とは対照的に、第2夜の遭遇は海岸線に近い海域で起きた。UAVの目撃も、数例はサン・クレメンテ島とサンディエゴの間だ。なお、事件発生当時の艦船およびUAVの大まかな位置関係は、以下の地図に示してある。

注目してほしいのは、事態の間の各艦船の動きを示す線だ。大きな点は、夜8時45分時点での艦船の位置を示している。

公式調査で判明!? 飛行物体はドローンでもUAVでもなかった!

これらの遭遇事例に対して、即座に公式調査が立ち上げられた。7月18日の朝までに、対沿岸警備隊の海軍連絡将校が、事態に直接関わった艦船の関連情報のアップデートを依頼している。依頼には〝可視性の高い〟という文言が使われた。

依頼から1時間後、NCIS（海軍犯罪捜査局）所属の特別捜査官が、第3艦隊に対する〝CI参謀将校〟の派遣を決定した。「CI」というのは防諜（Counter Intelligence）を意味すると思われる。このCI参謀将校は、沿岸警備隊の連絡将校に感謝の言葉を伝えている。そして情報が太平洋艦隊司令官、および海軍機構のトップ機関で、統合参謀本部のメンバーである海軍作戦本部に直接届く旨が確認された。

こうした初期段階における調査の主な対象は、海洋調査船のアルギータ号だった。なぜならFBI（アメリカ連邦捜査局）の調査で、同号がドローンを搭載していたことが判明していたからだ。そのため、7月14日の事件に関わっていたとの容疑がかけられたのだ。

だが、調査担当者たちの調査によって、アルギータ号でドローンを所有していたグループが、事件が起きた時刻はドローンを操作していなかったことが判明している。

同時に、搭載されていたドローンは可動域がきわめて狭く、船体から2メートルくらいしか離れることができないという。

この「ファントムIV型ドローン」と呼ばれる同機は、小さなクワッドコプター（4個の回転翼があるタイプのドローン）だ。製造元によれば、連続航行時間は最大で30分である。航行時間だけ取り上げても、各艦船の航海日誌に記されたUAVの飛行内容とは、著しく異なっていた。

この時点で、調査チームは現場で目撃されたUAVが、海軍によって操作されていた可能性を除外した。事件翌週の火曜日までに、カリフォルニア州サンディエゴに本部を置く「FACSFAC（艦隊管区管理監視施設）」が、海軍によるドローンの運用は、ごく限られた海域でのみ実行される事実を明らかにし、その後、作戦海域の海図も開示している。

ここで驚くべき事実は、UAVが関わる事態が再び起こったことだ。7月25日から30日にかけて、新たな目撃事例が複数回報告されたのだ。今回もまた、ミサイル駆逐艦USSキッドが関わった。7月25日午前1時20分頃の事件では、SNOOPIEチームが配備され、1時52分ごろに活動が終了。7月30日の事件は長時間にわたった。午前2時15分に配備されたSNOOPIEチームが活動を終了したのは、3時27分。なお、この2回の遭遇の際、他の艦船がUAVの大群と遭遇していたかどうか不明である。

【上段】ミサイル駆逐艦USSキッド。カリフォルニア州の訓練海域でUAPと遭遇。
【下段】艦上でビデオカメラを構えるSNOOPIEの一員。
航行中のさまざまなデータを記録するチームである。

謎の飛行物体の正体はUAPだ!

USSキッド事件について、「CNO（海軍作戦本部）」の長、マイケル・ギルデイ提督は「航空機は依然として未確認である。アメリカだけでなく、他の国の飛行士や他の艦船、そしてもちろんアメリカの統合部隊内の他の要素によって、他の目撃情報があると報告されている」とコメントしている。ちなみにUSSキッドを含む各ミサイル駆逐艦から撮影されたであろう、ドローンもしくはUAVの画像は公表されていない。これまでにも言及してきたように、スーパーホーネットが緊急発進していたはずだが、その件についての報告もなかった。かなりの情報が隠蔽されているようだ。

仮に百歩譲って一連の事件の犯人がドローンだとしたらどうだろう？　これについては、再度考えても、可能性はきわめて低い。まず、アメリカ各軍所属の艦船の近くにドローンなど飛ばせるはずがない。しかも市販されているドローンに、今回の事件で報告されているほど長い航続距離があるタイプはないし、時速45マイル以上という速度で飛ばせるものもない。さらに、航海日誌から入手したデータによれば、7月14日の事件現場で目撃されたUAVは、少なくとも時速100海里＝

185・2キロで空中を移動していた。さらに、出現したUAVには現場海域を16ノットで航行するミサイル駆逐艦の位置を特定し、追いつくだけの性能があった。事件発生当時、現場海域の視界は1海里以下だった。この悪視界状況で飛ばせるドローンなどない。そして、仮に飛行物体の正体がドローンだとしたら、その操縦者は複数機、少なくとも5〜6機を同時に飛ばせる技術を有していなければならない。

また、訓練海域では7月14日にドローンを使った訓練や実験は予定されておらず、もちろん実行もされていなかった。つまり、ドローンやUAVでは説明できない飛行物体が飛んでいたことになる。だとすれば、謎の飛行物体の正体はUAP以外に考えられないのだ！

流出したUAP映像をペンタゴンが〝本物〟と認めた！

2021年4月8日、アメリカ、ロサンゼルスを拠点に活動するドキュメンタリー映像作家ジェレミー・コーベルが、海軍関係者からリークされたというデルタ形UFO動画をはじめ、他のUFO画像を自身のツイッターに投稿した。その後、これらがインターネットをはじめCNNや新聞など複数のニュースメディアに拡散し、注目された！

コーベルによると、ニュースソースは2020年5月1日に実施された「ONI（アメリカ海軍情報局）」によるUAPの存在についての、3つのインテリジェンス・ブリーフィング（情報説明）だという。

このブリーフィングは、UFO／UAP関連人員に対する教育目的で行われたもので、ごく最近発生した3種のUAP目撃事例が報告されている。

まずブリーフィング1では、既述した2019年7月15日、カリフォルニア州サンディエゴ沖の警戒空域における、ミサイル駆逐艦USSラッセルのUAP遭遇事例の記録が取り上げられた。このときラッセルは〝デルタ形〟のUAPを複数捕捉した。UAPは高度210メートル付近で滞空。他にも複数のUAPが同時に確認されている。

公開された動画には、ナイトスコープで撮られた緑色の物体が写っている。報告ではUAPは3機あり、艦の上空を取り囲むように飛行していた。そのうちの1機をズームするとデルタ形で、閃光を放っているかのように機体全体が不規則に明滅しているのが見てとれる。

このデルタ形UAPについて、台湾在住のUFO研究家スコット・ワーリングは、「アメリカ海軍が所有するとされるTR-3B（地球製UFO）の進化系にちがいない。UAPに見せかけた陰謀だ」と指摘しているが、裏付ける情報はまだない。

ブリーフィング2は、後述する海軍の独立級沿海域戦闘艦USSオマハに関連する事例で、オマ

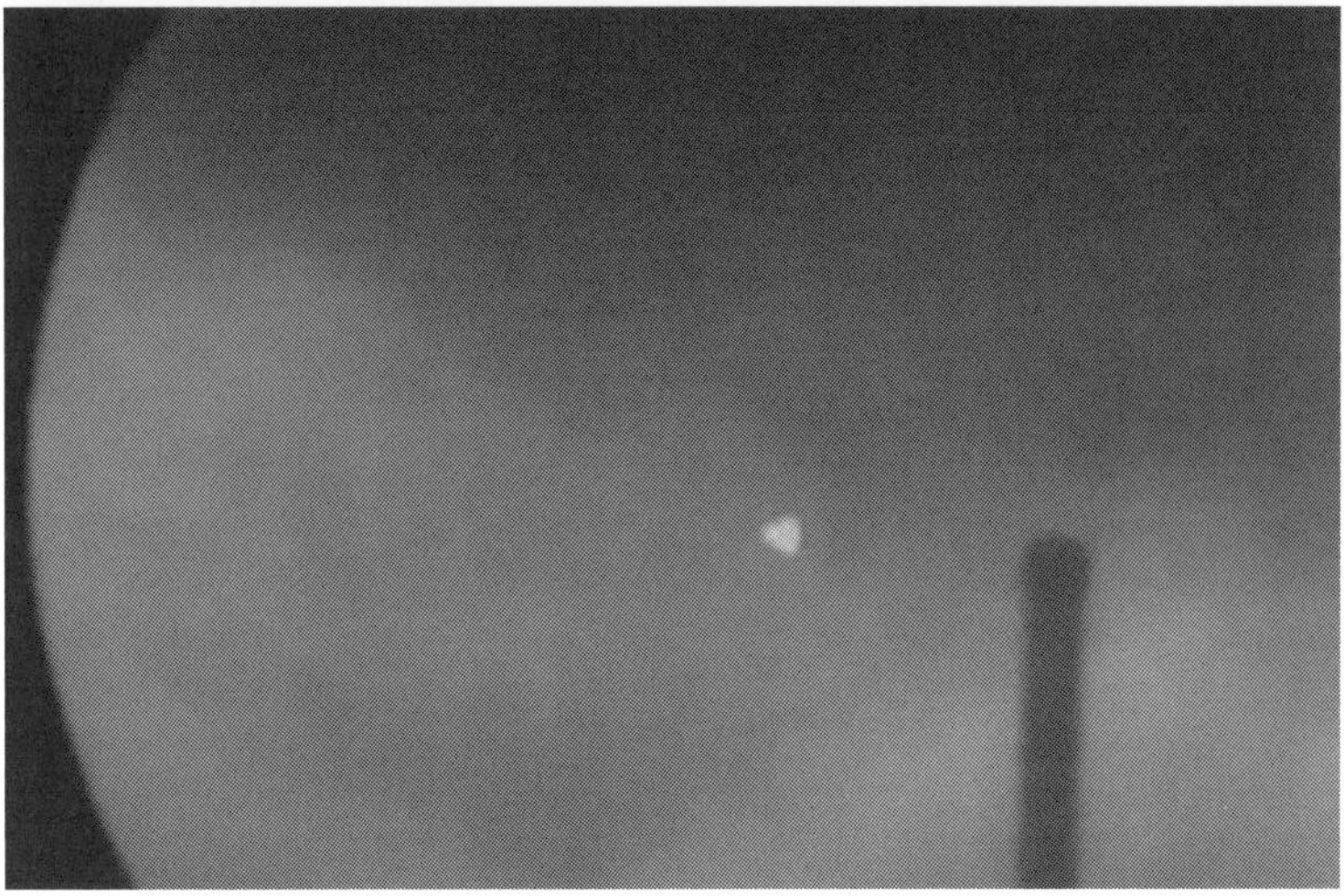

2019年7月15日サンディエゴ沖でUSSラッセルが遭遇したUAP。
ナイトスコープで撮影されたもので、ズームするとデルタ形であることが確認できた。

ハが球状物体を捕捉、その際に撮影画像と目撃記録が得られた。ＵＡＰは空中から水中への移動をやすやすとこなし、海中に潜っていく際にもまったく支障がないように感じられた。だが、物体が海中に入った後は発見することができず、捜索に潜水艦が投入されたという。ＵＡＰの海底基地が、この現場海域のどこかに存在する可能性が示唆される事例である。

ブリーフィング3には、２０１９年3月4日、戦闘機スーパーホーネットのパイロットが、バージニア州オシアナ海軍航空基地沖の警戒空域で、球状やどんぐり形、さらにはメタリックな飛行船のようなＵＡＰと遭遇。コックピットからスマートフォンで撮影したことが報告されている。

14機のUAPに取り囲まれた駆逐艦オマハ

ここからはオマハの事例を事細かに、ひも解いていく。

事件が起きたのは２０１９年7月15日午後9時すぎ。カリフォルニア州サンディエゴ沖で警戒海域を航行中のオマハのレーダーが正体不明の飛行物体を捕捉した。

オマハの乗組員は、レーダー・スクリーンの中心に位置する艦に向かって進んでくる未知の飛行物体＝ＵＡＰを確認しつづけていた。このとき最大で14機ものＵＡＰが確認されている。円を描く

【上段】 2020年5月1日のブリーフィングで公開された金属的質感を持った飛行船タイプのUAP。
【中段】 同ブリーフィング3で公開されたドングリ形のUAP。
【下段】 同じくブリーフィング3で公開された球形のUAP。

ように群れを成して飛ぶUAPは直径約1・8メートル。操縦装置らしきものも尾翼も主翼も、そしてローターも見当たらない球形物体で、排気している様子もないことが確認できた。

オマハのふたつの系統が異なるレーダーシステムによって、このときのUAPの飛行速度も算出されている。まず46ノットに速度がアップ、ついで50ノットでオマハに接近、さらに138ノットという信じがたいスピードに達した瞬間、急角度で旋回していったのだ。

ちなみに、138ノットとは時速253キロを超えるスピードである。UAPの行動には明らかに〝監視〟という意思が見てとれ、オマハの乗組員たちに恐怖を与えた。さらに無気味だったのは、UAPがどこから飛来してどこに消えていったのかが、まったく確認できなかったという事実だ。

公開された動画は一部だけだったが、しばらくの間オマハに沿って海上を飛行していく球形のUAPが映っている。UAPはバランスを崩したかのようにグラグラと左右に移動していたが、やがてスーッと海中に消えたように見えた。この瞬間、すべての感知装置が反応しなくなっていたという。

UAPが海中に没したとみられる現場では、潜水艦を使って捜索も行われたが、破片のひとつすら発見されなかった。オマハの前に現れた謎の球体＝UAPの消失は、海中に潜ったのか、あるいは一瞬にして異空間に移動したのか、とまで勘ぐらせるほどの奇妙なものだった。

オマハを取り囲む赤く輝くUFO編隊

２０２１年６月30日、ジェレミー・コーベルが新たなビデオ映像を公開した。オマハから撮られたビデオには、自ら発光しながら飛行する2機、ときには3～4機のＵＡＰが映っている。コーベルは、以下のようにこの映像を絶賛している。

「これぞ明確な視覚データだ。しかもセンサーデータで記録された史上最高のＵＦＯケースのひとつといえる。ＵＳＳニミッツ事件といい、このオマハ事件といい、センサーが記録した史上最高のＵＦＯ事件だ」

ちなみに、映像を撮影したのは海軍の「ＶＩＰＥＲチーム（視角情報要員＝Visual Intelligence Personnel）」と呼ばれる、異常または危険なイベントを記録・撮影するチームである。ただし、同チームは自分たちが興味を持った対象しか追わないという。したがって、この映像は立ち入り可能な人間がきわめて限られている「ＣＩＣ（戦闘情報センター）」の中で録画されたものだ。彼らの行動はすべてスクリーン上に記録される。

なお、レーダーデータの開示はとてもむずかしいが、艦船を取り囲むように飛行していた物体は、航行レーダーにも捕捉されていたので、公開することが可能だったという。つまりこれは、VIPERチームがCIC内部でレーダー・スクリーンを直接撮影したビデオなのだ。ペンタゴンがすべてのフッテージの信憑性を認めた理由は、まさにここにあるという。

今回のレーダー画像で判明したことがある。上下動を繰り返す8〜9機のUAPが、時折、見えなくなることだった。これは地球人類にとって未知、すなわち機体全体を不可視の状態にするテクノロジーが誇示されたのかもしれないという。

オマハのとある乗組員は次のように語る。

「われわれが自分で目撃した中で最も印象に残ったのは、物体の耐久性だ。遭遇事例は1時間ほど続いたが、ターゲットはすべて姿を消した。どこに飛び去ったのかはわからない。すべてが終わってじっくり考えてみたのだが、自分個人の意見としては、人工のものである可能性と、地球以外の星からきた可能性は五分五分だと思う。いずれにせよ、世界を変えるような物体だ。信じられないほどのエネルギーを感じた」

コーベルは次のように語っている。

「ビデオに映ったUAPは、目立たないように飛んでいたわけではない。われわれの戦艦に性能を見せつけるような飛び方だった。今回の事例に関わった人たちの話を聞く限り、UAPは見てもらいたがっていて、記録も残してもらいたがっているようだった」

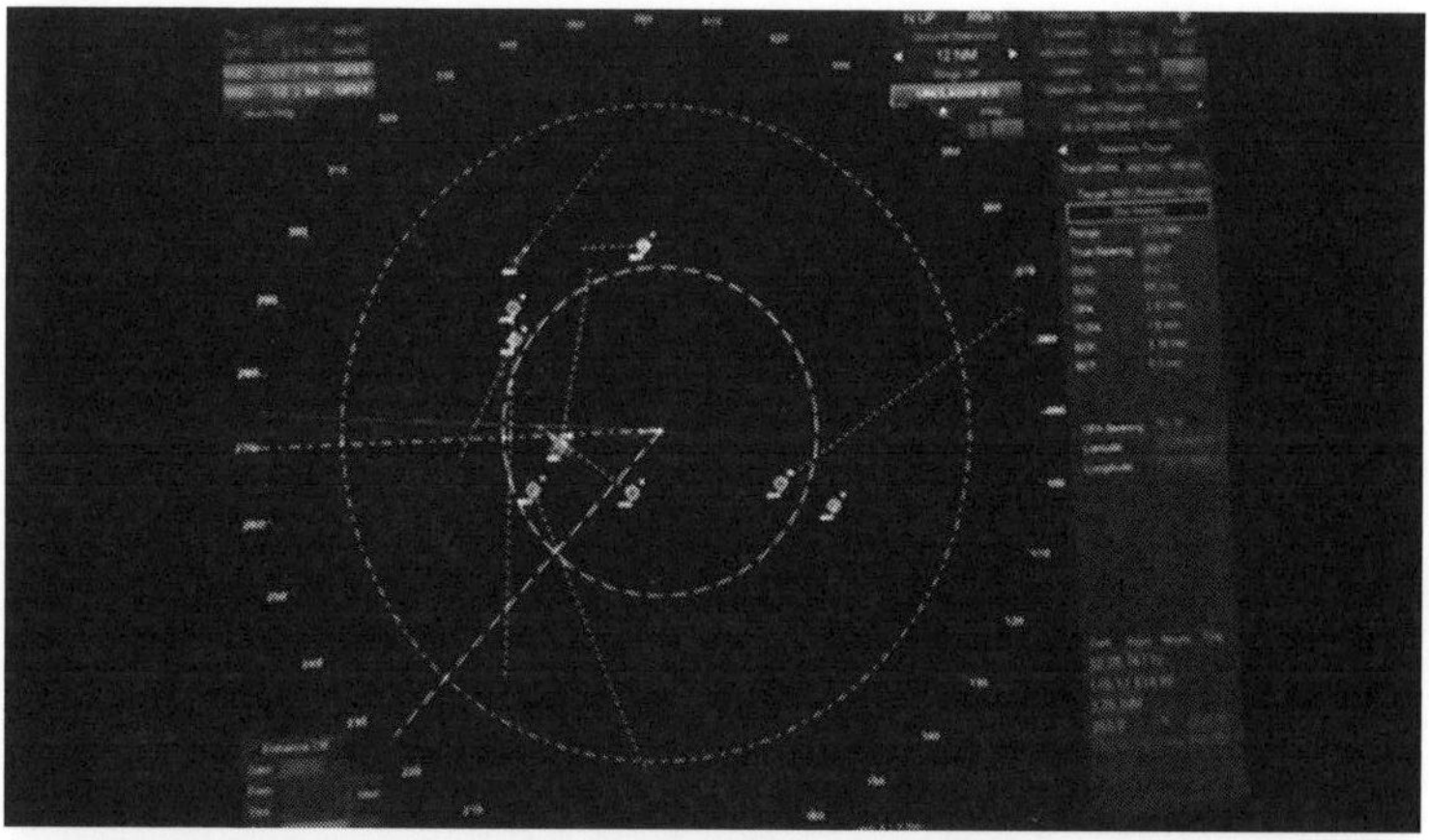

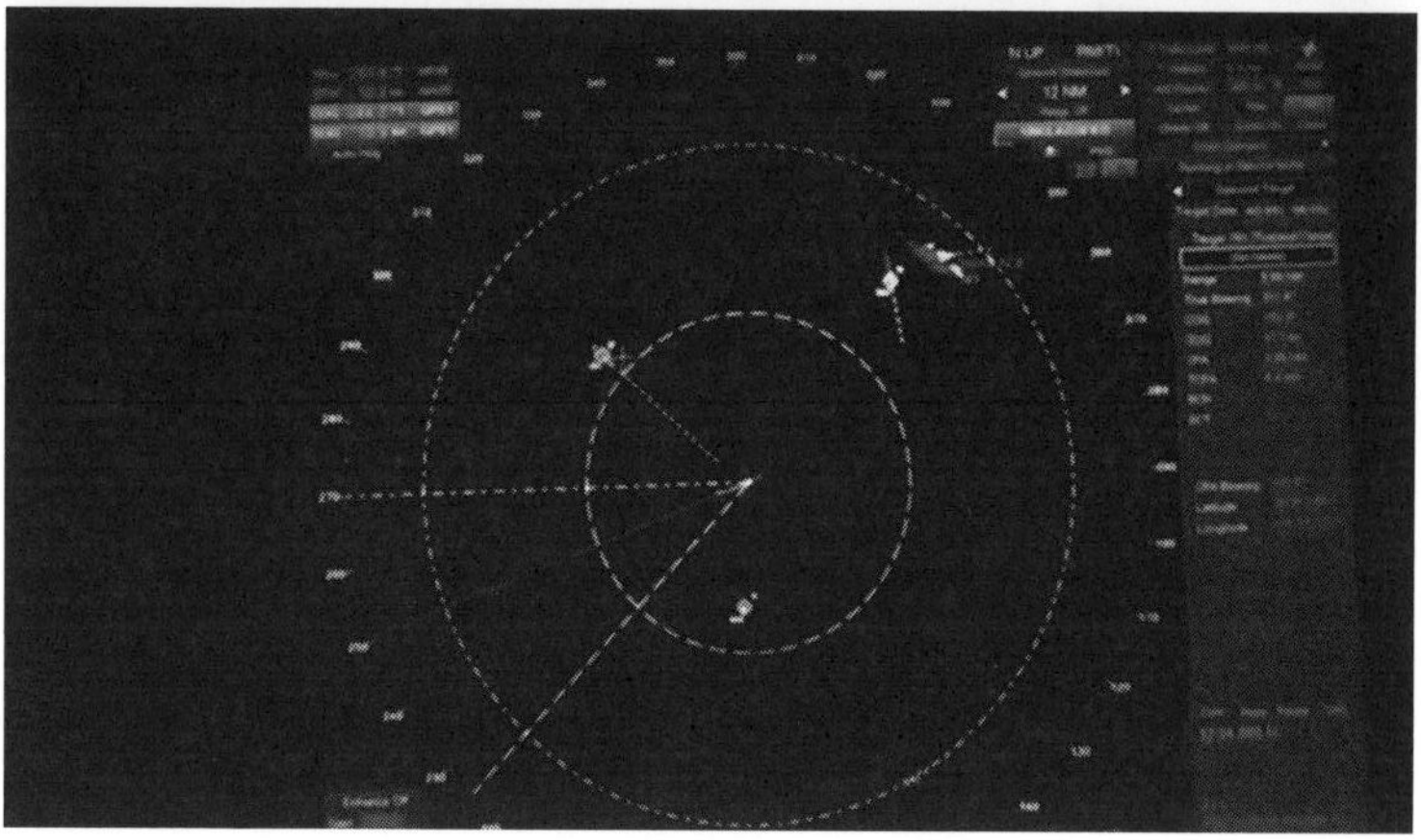

【上段】2021年6月30日に公開されたオマハのレーダー画像。
オマハを取り囲むように謎の飛行物体UAPが飛行している。
【下段】複数のUAPが、時折、姿を消していることがレーダーによって確認された。
機体全体の「不可視化」という未知のテクノロジーを有している可能性を示唆している。

改めて指摘するが、公開されたオマハのレーダー画面は、海軍の艦船に群がり、自在に飛行する14機の未確認物体を捉えている。オマハに搭載される高度で最新鋭のセンサーも、UAPが超高速飛行、鋭角ターンしながら船体に近づいたり離れたりする動きについていけず、ロックオンが維持できなかったという。

ちなみに、事件が起きた2019年7月14日から16日にかけての3日間、同じ海域で警戒中の海軍所属の艦船9隻が、別のUAPに遭遇していた。

7月15日午後9時から11時の間に、一連の現象のピークが訪れた。ビデオ撮影されたこの事例は、UFO＝UAPによる最後の一撃のようなショッキングなものだったという。加えると、一連の出来事すべてが1・6キロ圏内で発生している。UAPは連日出現し、コマのようにクルクル回転しながら艦船につきまとい、監視・威嚇したと報告されている。まさしく、最大100機ものUAPとの遭遇を含む連続的な異常事例だったのだ。

◯オマハにつきまとうUAPはフーファイターだったのか？

群れをなして出現したUAP。オマハに接近したり離れたり、さらには監視するかのように甲板上空に滞空し、それも1時間以上もまとわりついている。

このオマハの事例を俯瞰したとき、直径が2メートルに満たない大きさと球形という形状。そして強いていうなら機体の銀色に近い色合いからして、〝フーファイター〟の存在が、筆者の脳裏をよぎった。


フーファイター──。


第2次世界大戦末期のヨーロッパや太平洋戦線上で、連合国や日本、ドイツのパイロットが頻繁に遭遇した小型UFOのことである。直径1メートル前後の球形で銀色。多くの場合、攻撃をしかけることもない。飛行中の航空機をつかず離れずの距離で追尾しながら観察するような動きをしばらく見せた後、どの国のどんなタイプの航空機も真似できないような動きで、急加速して飛び去る。しばしば編隊飛行をすることもあった。

アメリカ空軍はこの不思議な飛行物体を「フーファイター＝炎の戦闘機」と呼び、各国とも敵の秘密兵器ではないか、と恐れたが、大戦後はまったくその姿を見せなくなっている。

結局のところ、UAPの正体がフーファイターだったのかどうかは不明だが、2020年8月14日に新設され、ペンタゴン指揮下で活動するUAP調査機関の「UAPTF（未確認空中現象特捜隊）」は、オマハが遭遇したUAPがどこから来て、どのような目的を持っているのか、詳しく調査中だとコメントしている。

カリフォルニア沖にUAPの海底基地がある!?

オマハから撮影されたビデオには、空中を飛んでいたUAPが何の支障もなく海中に潜っていったと思われる様子が映っている。あるいはパッと消えたように見えなくもないシーンだったが、その点について、コーベルが新たな情報を伝えている。

前述したように、海底に沈んだと思われるUAPだったが、潜水艦まで出して捜索したにも関わらず、その海域には破片ひとつ見つからなかった。ある目撃者によると、UAPは海中に沈む衝撃でバラバラになったはずなのに、だ……。

本当にUAPが破片と化したのなら、これほど不可解なことはない。このオマハ事件については、さらに後述する。

今回の一連の事件でとりわけ興味深いのは、UAPの活動がカリフォルニア沖に集中している点にある。オマハから撮影されたUAPがサンディエゴ沖の海中に姿を消したとしたら、UAP＝UFOの拠点が海底に存在している可能性がある。

カリフォルニア沖のUAP海底基地――。

6月30日に公開されたオマハが遭遇したUAPの画像。複数の球形の飛行物体が写り込んでいる。

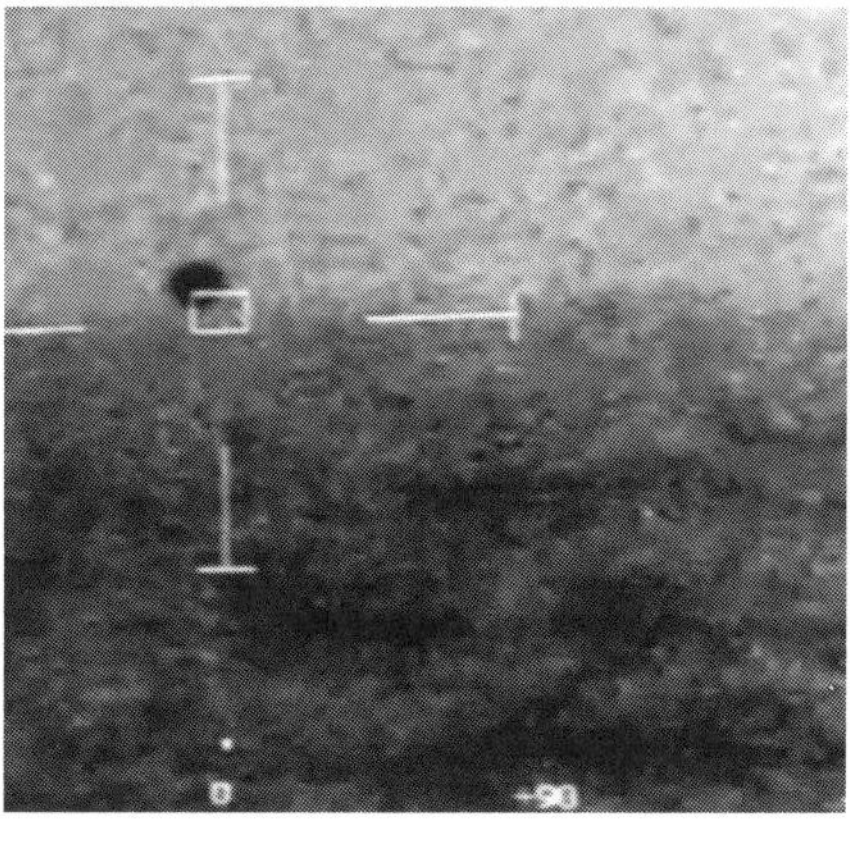

オマハが撮影した海中に潜る直前のUAP。潜った後に潜水艦で捜索したが、機体そのものはもちろん、残骸もいっさい発見することができなかったという。

実はその存在を裏付ける直近の事例が、アメリカの民間UFO研究団体「MUFON」に投稿された動画で確認できる。投稿者によると、2021年5月7日夜10時半ごろ、カリフォルニア州サンディエゴ郡にある海浜都市エンシニータスのライブカメラを投稿者の息子が見ていたところ、オレンジ色に光る奇妙な飛行物体が海中からいきなり出現した。発光体はすばやく直角に移動し停止。その後、急に加速したかと思うと、再び水中に潜り込んだ。次に点滅しながら上昇、再びオレンジ色に変わると、そのままスーッと上っていき、姿を消した。だがその後、再び出現。しばらく周囲の様子を伺うかのようにした後、消えたという。

海底基地といえば、UFO研究家の南山宏氏が、「UFO海底基地説」について事例を挙げつつ詳しく説いている（「ムー」2021年7月号）が、その中でカリフォルニア沖でUFOの活動が活発になっていると指摘している。

オマハはUAPを攻撃したのか？

ここで再度、オマハ事件に触れたい。

本書の中でも何度も言及してきたが、ペンタゴンでUFO研究計画を主導していたルイス・エリゾンドは、オマハ事件でのＵＡＰの行為は明らかに監視と挑発だという。そして、次のように語っている。

「一連の事件を俯瞰すると、アメリカ領空、特に軍事基地や警戒訓練海域でＵＡＰが頻繁に出現している。それは私にとって最大の問題だ。ＵＡＰは少なくとも軍事施設や戦艦などを、集中監視しているようだ」

脅威という観点から、ペンタゴンではＵＡＰの監視と挑発という力の誇示に気づいているという。エリゾンドは、その勢いが目に見えて増していると指摘する。エリゾンドも警告しているが、とりわけカリフォルニア州沿岸においてＵＡＰの活動が顕著で、ペンタゴンはこれをＵＡＰの挑発行動だと受けとめているはずだ。もしかして〝戦闘〟という事態すら引き起こしている可能性もある！

コーベルは、オマハ事件で海中に没した際、破壊したとおぼしきＵＡＰの破片の回収に、潜水艦が向かった、という情報を明かしている。結局は見つからなかったが、破片というからにはＵＡＰが自爆したとは考えにくい。これは海軍が撃墜を試みたとは考えられないだろうか？　だが、結局は撃墜に失敗し、ＵＡＰは悠々と行方をくらましたのかもしれない。

そう、ＵＡＰは攻撃されたにちがいない。

攻撃したのがＵＳＳニミッツの艦載機スーパーホーネットか、オマハなのかはわからない。

海軍所属の多数の艦船を取り囲み、威嚇するかのように飛行していた物体の正体は、いまだに明らかにされていない。しかし、それは多くの海軍の軍人によって目撃され、かつ撮影されたれっきとしたUAPである！

前述のとおり、ペンタゴンではUAPの調査を専門に担うUAPTFを新たに創設、実態解明に乗り出している。同省のスーザン・ガフ報道官は、複数のメディアに対し「リークされた動画や画像はフェイクなどではなく、アメリカ海軍の軍人によって撮影されたものであり、これらの事象が調査対象に含まれている」とコメントした。さらに、作戦の安全維持や潜在的な敵への情報流出を防止するなどの観点から、その詳細について公にすることはないとも語り、UAPの正体についての明言を避けている。

ちなみにこの章で紹介したのは、海軍が体験した真実のUAP現象の目撃報告、加えて映像と画像だが、これら一連の情報は、ペンタゴンがUAPの存在を現実に意識していることを示すものといえるだろう。

ルイス・エリゾンド。UAPの存在は脅威だと語る。

3章 ペンタゴン報告書とUAP

○「ODNI」が発行した報告書

2021年6月25日は、UFO事件の情報収集と調査をライフワークにしている筆者にとって、生涯記憶に残る日となった。ついにアメリカ政府がUFO目撃情報に関する報告書を初めて公表したからだ。

1947年、ケネス・アーノルド事件によりUFOが世界的な話題になって2021年で74年。それまで、その存在に関して無視を決め込んでいたアメリカ政府とペンタゴンが、UFOの存在を認めたのだ。筆者ばかりでなく、世界中のUFO研究者やファンにとっても記念すべき日となったにちがいない。

では、公表された報告書とはいったいどんなものなのか？　長くなるが、次にその内容を全訳して紹介しておこう。

本初期評価報告書は、2021会計年度向けIAA（情報認可法）が定めるところに従い、DNI（アメリカ国家情報長官）がSECDEF（アメリカ国防長官）との協議に基づき、UAP（未確認空中現象）によってもたらされる脅威、およびUAPTF（UAPタスクフォース／未確認空中現象特捜隊）による、

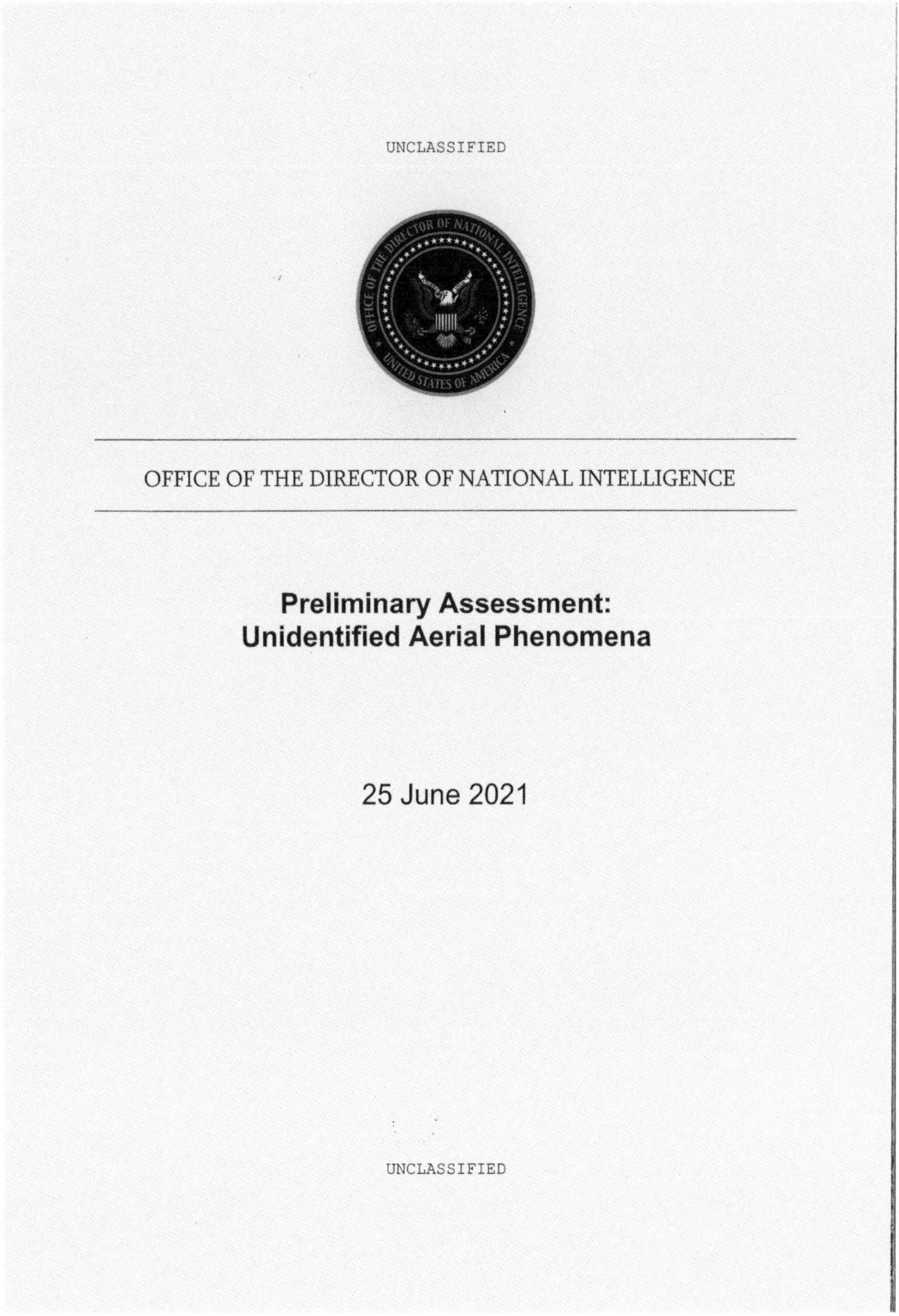
UNCLASSIFIED

OFFICE OF THE DIRECTOR OF NATIONAL INTELLIGENCE

**Preliminary Assessment:
Unidentified Aerial Phenomena**

25 June 2021

UNCLASSIFIED

日本時間の6月25日にペンタゴンが公開したUAPの報告書。

こうした脅威に関する理解の進歩を示す情報分析の提出を促す上院報告書116〜233の規定に応じ、ODNI（国家情報長官室）によって発行されたものである。

本報告書は政策決定者のため、UAPによってもたらされる潜在的脅威の特性を示し、IC（諜報機関）の脅威に対する理解を深めるため、関連過程、政策、技術、UAPと遭遇した際に備えるための合衆国陸軍およびその他のUSG（アメリカ合衆国連邦政府）職員に対する訓練法を構築していくための方策の要旨を提供するもので、UAPTF長官がUAPに関するデータの適時な収集と統合に関する責任を負う。

本報告書内で説明されるデータセットは、現在のところ主としてアメリカ合衆国内で2004年11月から2021年3月の期間に起きた事例に限られている。データは今後も収集され、分析が続く。

ODNIは本報告書を下院諜報・軍務委員会に向けて作成した。UAPTFとODNI航空関連国家諜報局長がUSD（I&S）、DIA（アメリカ国防情報局）、FBI、NRO（アメリカ国家偵察局）、NGA（アメリカ国家地理空間情報局）、NSA（アメリカ国家安全保障局）、合衆国空軍、陸軍、海軍、海軍／ONI、DARPA（アメリカ国防高等研究計画局）、FAA（アメリカ連邦航空局）、NOAA（アメリカ海洋大気庁）、NGA（アメリカ国家地理空間情報局）、ODNI／NIM新興破壊的技術研究局、ODNI／国家対諜・保障センター、およびODNI／国家諜報議会からのデータを基に本報告書の草稿を担当した。

ＵＡＰを記録するさまざまな種類の検出装置は通常は正常な状態で稼働し、初期評価を可能にする十分な量の実際のデータを獲得するが、検出装置の異常に起因するＵＡＰも存在する。

ＵＡＰに関する報告の要旨

ＵＡＰに関する質のいい報告の数は限られている。この事実が、ＵＡＰの本質および意図に関する確固たる結論を出す上での妨げとなる。ＵＡＰＴＦは、アメリカ軍部および情報機関向けの報告書における、ＵＡＰに関するさまざまな情報を検討した。

しかし、特異性に欠ける事例が多かったため、事例の分析に必要となる十分なデータを提供するためには、個々のケースの特性を尊重した特異性が強調される形の報告過程が不可欠であると認識するに至った。

結果として、ＵＡＰＴＦは２００４年から２０２１年に起きた事例の見直し作業に集中することになった。

対象となった事例の大部分は、上記のような性質の報告過程の結果として、ＵＡＰ事例をよりよく理解するために、正式な形式の報告を通してもたらされたものである。

これまで報告されてきた事例の大部分は、おそらく物理的な物体についてのものであり、大半の事例においてUAPがレーダー、赤外線機器、電気工学機器、兵器探知機等複数の機器によって検知されており、さらに目視による観察も含まれている。数が限られた事例においては、UAPが独特な性質の飛行を見せたことが報告されている。

こうした要素は機器の誤作動によるもの、見間違い、目撃者の誤解である可能性も考えられるため、より綿密な分析が必要である。

現在入手可能な報告事例に示されているUAPの外見および行動的特徴から考えると、UAPにはさまざまなタイプが存在し、それぞれに異なる説明が必要になると思われる。

ここまで行ったデータ分析から、個々のUAP事例は5つのカテゴリーに分類することができる。

①空中の浮遊物
②大気中の自然現象
③アメリカ政府あるいはアメリカ国内産業による開発プログラム
④敵性国家のシステム
⑤その他の現象

入手可能な報告の大部分は結論が出ていない！

　UAPが航空機の安全航行における問題となることは明らかであり、アメリカの国家安全保障上の課題となる可能性を意味する。

　安全上の懸念は、第一に、混雑化の一途をたどる空と対峙する軍パイロットへの考慮を中核に据えたものとなる。UAPがまた、革新技術・破壊的技術を基に開発された敵性国家の情報収集手段、あるいは敵対国家の存在の可能性を示すものであるならば、国家安全保障上の課題となることも考えられる。

　アメリカ政府が一貫性を保ちながら報告事例のとりまとめを行うこと。規格化された報告方法、情報収集と分析の絶対量の増加、政府が保有する広範なデータから、すべての報告事例をスクリーニング（ふるい分け）するための効率化された過程が実現できれば、UAPに対するより洗練された分析手法が完成し、理解も深まっていくと考えられる。実現までの段階は資源強度的な性格の部分もあり、さらなる調査が必要となる。

　データが限定的であるため、ほとんどのUAP事例が原因不明だ。それに加え、個々の報告の内容に統一性がないという事実が、UAP事例の評価における課題となっている。

2019年3月に海軍が報告事例の規格を決定するまで、決まった形式が存在しなかった。その後、2020年11月に空軍がこの規格を採用したが、適用は政府向けの報告書に限られていた。UAPTFには、他機関で行われた観察に関する情報が定期的に伝わっていたが、こうした情報が公式・非公式を問わずに報告書という形にまとめられたことはなかった。

これらの情報を精査したUAPTFは、アメリカ軍所属のパイロットが直接関係し、信頼が置ける方法で収集されたUAP事例に焦点を当てることにした。

2004年から2011年の事例についての報告のうち、大半は過去2年間に収集されている。これは時間の経過と共に、軍部航空関連部署で書式の標準化が進み、より広く知られるようになったためである。

高信頼度のUAP報告も1例ある。この1例に関しては、問題の物体が巨大な気球であったことが明らかになっている。他の事例の物体に関しては説明できていない。

全144件の目撃報告はアメリカ議会経由でもたらされた。このうち80例が複数の検知装置を含む事例だった。ほぼすべての報告において、UAPは軍によって計画されていた訓練あるいはその他の軍事活動を妨害する動きを見せた物体とされている。

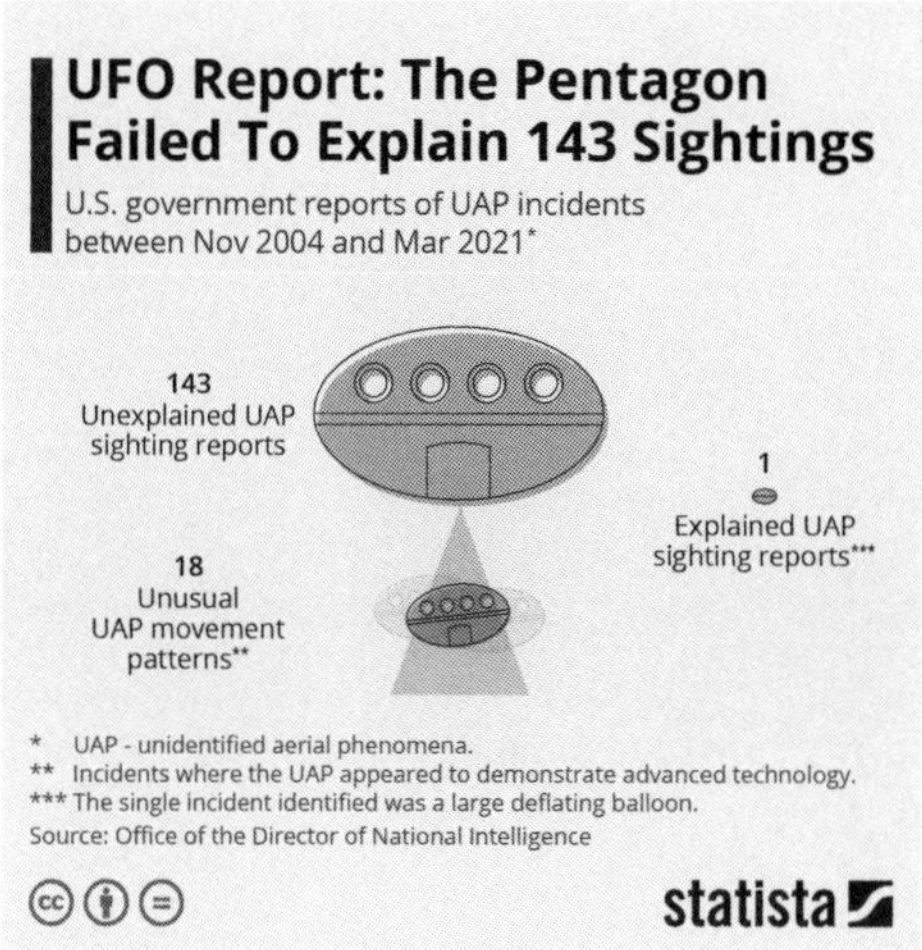

144件のUAP報告例についての内訳を示したレポート。そのうち1件は気球であることが判明。また18件にUAP特有の不可解な飛行パターンが報告されている。

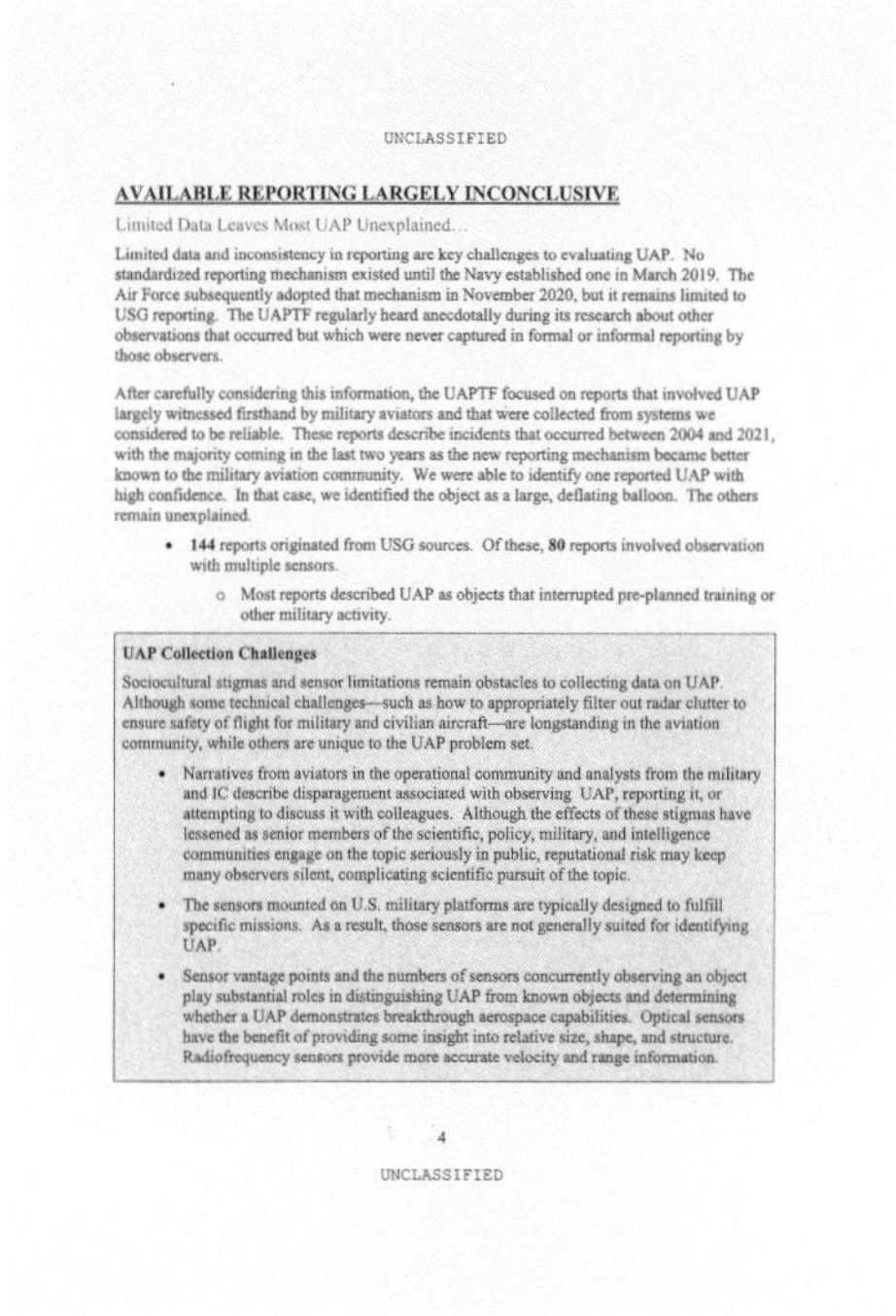

UNCLASSIFIED

AVAILABLE REPORTING LARGELY INCONCLUSIVE

Limited Data Leaves Most UAP Unexplained…

Limited data and inconsistency in reporting are key challenges to evaluating UAP. No standardized reporting mechanism existed until the Navy established one in March 2019. The Air Force subsequently adopted that mechanism in November 2020, but it remains limited to USG reporting. The UAPTF regularly heard anecdotally during its research about other observations that occurred but which were never captured in formal or informal reporting by those observers.

After carefully considering this information, the UAPTF focused on reports that involved UAP largely witnessed firsthand by military aviators and that were collected from systems we considered to be reliable. These reports describe incidents that occurred between 2004 and 2021, with the majority coming in the last two years as the new reporting mechanism became better known to the military aviation community. We were able to identify one reported UAP with high confidence. In that case, we identified the object as a large, deflating balloon. The others remain unexplained.

- **144** reports originated from USG sources. Of these, **80** reports involved observation with multiple sensors.
  - Most reports described UAP as objects that interrupted pre-planned training or other military activity.

UAP Collection Challenges

Sociocultural stigmas and sensor limitations remain obstacles to collecting data on UAP. Although some technical challenges—such as how to appropriately filter out radar clutter to ensure safety of flight for military and civilian aircraft—are longstanding in the aviation community, while others are unique to the UAP problem set.

- Narratives from aviators in the operational community and analysts from the military and IC describe disparagement associated with observing UAP, reporting it, or attempting to discuss it with colleagues. Although the effects of these stigmas have lessened as senior members of the scientific, policy, military, and intelligence communities engage on the topic seriously in public, reputational risk may keep many observers silent, complicating scientific pursuit of the topic.
- The sensors mounted on U.S. military platforms are typically designed to fulfill specific missions. As a result, those sensors are not generally suited for identifying UAP.
- Sensor vantage points and the numbers of sensors concurrently observing an object play substantial roles in distinguishing UAP from known objects and determining whether a UAP demonstrates breakthrough aerospace capabilities. Optical sensors have the benefit of providing some insight into relative size, shape, and structure. Radiofrequency sensors provide more accurate velocity and range information.

4

UNCLASSIFIED

公開された報告書の一部。144件のうち80例が複数の検知装置を含む事例だったことが記載されている。

UAPデータ収集における課題

社会文化的な意味合いでの悪印象、および検知機器に関する制約が、UAPデータ収集上での課題でありつづけている。軍用および民間航空機に安全な飛行を確保するレーダー・クラッター除去など、解決されつつある技術的な課題もあるが、UAP特有の現象がもたらす問題も存在する。戦略関連機関に属するパイロットたちの談話、および軍組織内部の情報機関の分析ではUAPの観測に関する情報が軽視されており、上層部に報告したり、進んで同僚と討論したりすることもない。

こうした悪印象の効果によって、UAPに興味を抱く科学・政治・軍事・情報機関の上層部の人々の絶対数は減少した。評判に傷がつくリスクを気にする目撃者が多い可能性は否定できず、こうした土壌がUAPの科学的追究を複雑化している。

アメリカ軍が採用している検知機器は、それぞれが独自の使命を果たすよう設計されている。結果として、検知機器がUAPを見極めるのに適しているとはいいがたい。通常航空機の活動を観察する複数の検知機器が、同時に稼働する中で行われる観測により、飛行性能を基に、通常航空機と高度な飛行能力を見せるＵＡＰの区別が行われる。光学センサーは物体の大きさと形状、そして構造に関する情報、無線周波センサーは速度および飛行域に関する正確な情報の入手に役立つ。

報告には多様性が見られ、詳細な傾向やパターン分析を実行するためには現時点でのデータの範囲がきわめて限定的であるが、形状や大きさ、特徴、そして推進方法に関するＵＡＰの観測データには統計的クラスタリングが散見される。

また、ＵＡＰの目撃はアメリカ国内の訓練所および実験場周辺に集中して発生しているが、われわれとしては、こうした特性は軍関係者が多く集まる場所であること、そして最新鋭機器が設置されている場所であること、部隊を通じる姿勢、そして異常を進んで報告する姿勢などデータ収集上のバイアスであるといえる。

ＵＡＰが高度なテクノロジーを見せつけた5つの事例

21件の報告のうち18件に、ＵＡＰ特有の異常な飛行パターンについての言及がある。高空にとどまったままの状態を保った後に突然動き出し、逆風状態で飛び去り、あるいは確認できる推進装置がないにも関わらず、かなりの速度で飛行する物体もあった。

絶対数は少ないが、UAP目撃と軍用航空機システムによる無線周波数エネルギーの検出が同時に発生した事例もある。

UAPTFは、少数ながら、アクセラレーション（機器のパフォーマンスを改善するために使用される技術のひとつ）およびシグネチャ（侵入検知システムで、不正なアクセスが含まれるかどうかを識別するための定義）管理が関与するUAP事例のデータを保持している。

この種のデータに関しては、専門の技術を有する人々から成るチームを複数結成し、本質と信頼性を確認するための厳格な検証が行われるべきである。われわれも、高度な技術が関与していたのかを確かめるための分析を続行している。

本データセットに記録されているUAP事例には、さまざまな航空行動が明らかにされており、異なるタイプのUAPには異なる説明が付けられるべき可能性が示されている。（前述したように）われわれのデータ分析によれば、UAP事例は以下の5つのカテゴリーに当てはまるはずだ。

① 空中の浮遊物

この種の物体は鳥や気球、無人のレクリエーション飛行物、あるいは敵性航空機を認識する機器の操作者の能力を妨げ、さらに悪影響を与えるような性質の、たとえば空中を浮遊するビニール袋など何らかの種類の破片が含まれる。

②　大気中の自然現象

赤外線・レーダーシステムに影響を与える可能性がある氷の結晶、水蒸気、そして熱変動など。

③　アメリカ政府あるいはアメリカ国内産業による開発プログラム

記録されているUAP事例の中には、アメリカ国内企業による兵器開発、あるいは機密プログラムに関係するものが含まれている可能性も否めない。確認はできていないものの、この種のシステムに関連する物体が、UAPとして報告されたことも考えられる。

④　敵性国家のシステム

UAP事例の中には、中国やロシアをはじめとする他の国家、あるいは非政府系企業によって開発されたテクノロジーを基にした物体が含まれているかもしれない。

⑤　その他の現象

われわれのデータセットに示されているUAP事例には制約があり、あるいはデータ収集プロセス／分析に限度があるため、本質を明らかにすることはできないかもしれない。ゆえに、データ収集および分析を通して、それぞれのケースの特色を際立たせるために、付加的な科学的知識が必要となるかもしれない。

こうした事例をこの第5のカテゴリーに分類し、科学の発展を待って、よりよい理解の実現を待つことにする。UAPTFは、異常な飛行パターンやシグネチャ管理が関与した事例について、付加的分析を行っていくつもりである。

◯安全な航空運用と国家安全保障に脅威をもたらすUAP

外国政府によるアメリカの軍事活動に対する洗練された情報収集手段であるなら、あるいは敵性国家による革新的航空力学テクノロジーを実現したものであるなら、UAPは航空の安全に危機をもたらし、より大きな危険をもたらすものとなりえる。

現時点での空域に関する懸念だが、安全に対する危機と対峙する時、パイロットはそれに対する懸念について報告することを要求される。危機が生まれている場所や度合い、行動面での特徴などによって、パイロットはその時点で行っているテストや訓練を中止し、着陸を余儀なくされるかもしれない。

これは事例報告の抑止力として働く。UAPTFは、UAPとのニアミスについての報告例が11事例ある事実を認識している。

現時点で、われわれはUAPが外国による情報収集プログラムの一部であるとか、敵性国家によって開発された先進技術による航空機であるといった判断を下すに十分な量のデータを有していない。こうした性質のプログラムの存在を示唆する物証を監視する体制を強化すると同時に、UAPによってもたらされる対諜面での課題を注視していく必要がある。

軍事施設のごく近く、あるいはアメリカ政府が保持する最新検出機器を搭載した航空機の近くで起きるUAP事例もある。

UAPの説明には正確な情報分析と資源投資が必要となる

2021会計年度向けIAAが定めるところに従って作成された上院報告書116〜233の規定に応じ、UAPTFの長期的目標は活動範囲を広げ、より多くのアメリカ政府関係者に働きかけて、分析システムの技術面での向上を目指す。データの絶対量の増加に伴い、UAPTFの傾向察知のためのデータ分析能力も向上していくだろう。

最初の重点課題は、ＡＩ（機械学習アルゴリズム）を登用してデータの統一を図り、データの特徴を検知して類似点と特定のパターンを認識することとなる。

データベースには気球、そして高高度気球、あるいはスーパープレッシャー気球、野生動物など既知の物体に関する情報も含まれることから、機械学習によるＵＡＰ報告の前評価で以前のデータとの比較対象が可能となり、よく似た内容の出来事がなかったかを見極める上で効果的な方法となるだろう。

ＵＡＰＴＦはデータ収集と分析を組織的に行い、連絡体制の質を高めるために、各省庁間の分析・データプロセスのためのワークフローの構築を開始した。

ＵＡＰデータの大部分はアメリカ海軍の報告から成っているが、現在、アメリカ陸軍およびその他の機関による活動からの関連データを統一する作業が進行中である。ＵＡＰＴＦは現在、アメリカ空軍などの機関からさらに多くの事例報告の収集に努めており、ＦＡＡからのデータ収集も開始された。アメリカ空軍のデータ収集は、歴史的にいって制約がかけられているが、２０２０年11月に6か月のパイロット訓練プログラムを開始し、ＵＡＰが起きる可能性が最も高い空域に関する情報の収集を行っている。現在、前空軍を通して将来におけるデータ収集と報告、そして分析と評価の方法を模索中である。

ＦＡＡは通常の航空管制業務におけるＵＡＰのデータ収集を行っている。こうした情報の入手は、パイロットをはじめとする空域使用者の報告、およびＦＡＡの航空交通管理局の活動を通して行われている。

加えて、ＦＡＡはシステム異常のモニタリングを続けている。こうした活動から、ＵＡＰＴＦにとって有益な追加情報がもたらされることになる。

ＦＡＡはＵＡＰＴＦが興味を抱くようなデータを、選別して提供することが可能となっている。ＦＡＡは強固かつ広範なプログラムを通してＵＡＰＴＦと航空関係者の橋渡し役となり、ＵＡＰ事例報告の重要さを訴え続けている。

ＵＡＰＴＦは、アメリカ軍部がバイアス（偏見）とならない分野におけるＵＡＰ事例情報の増加を図るための斬新な方法を模索している。

方法のひとつとして挙げられるのは、レーダーの歴史的なデータを探すための先進型アルゴリズムの使用である。

ＵＡＰＴＦはまた、現行の各省庁間におけるＵＡＰ情報収集戦略を刷新し、ペンタゴンと情報機関を主として構築された基盤上での共有を図っている。ＵＡＰＴＦは、研究開発費用としての投資が、ＵＡＰ全般に関する将来的研究を捜す事実をこの報告書に記した。

投資に関してのガイドラインはＵＡＰデータ収集戦略、ＵＡＰ研究開発技術的ロードマップ、そしてＵＡＰプログラム・プランによって示される。

ペンタゴンの報道官 ジョン・カービーのコメント

以上が「初期評価報告書」のすべてだ。続いて紹介するのは、同報告書と同時に公表された、ペンタゴンの報道官ジョン・カービーの追加情報である。

「本日（2021年6月25日）、アメリカ合衆国国家情報長官が議会に対してUAP事例の初期評価、およびこの脅威に対するわが国の情報機関と／ペンタゴンUAPTFの理解についての報告書を提出した。

UAPの分析は、多くの省庁や政府機関が含まれる共同的な努力であり、ペンタゴンは、今回の報告書提出に関して主導的な役割を果たした国家情報長官をはじめとする各省庁・機関に深い謝意を示すものである。

わが国の訓練施設や領空に対する侵略行動は、航空機による活動および安全保障に問題をもたらし、ひいては国家安全保障上の課題となる可能性が否めない。ペンタゴンは確認・未確認を問わずに、飛行物体による侵略行為に関する報告を重視し、ひとつひとつのケースに対して調査を行う。

提出された報告書は、ペンタゴンが管轄する訓練施設および設備で起きたUAP事例の査定をま

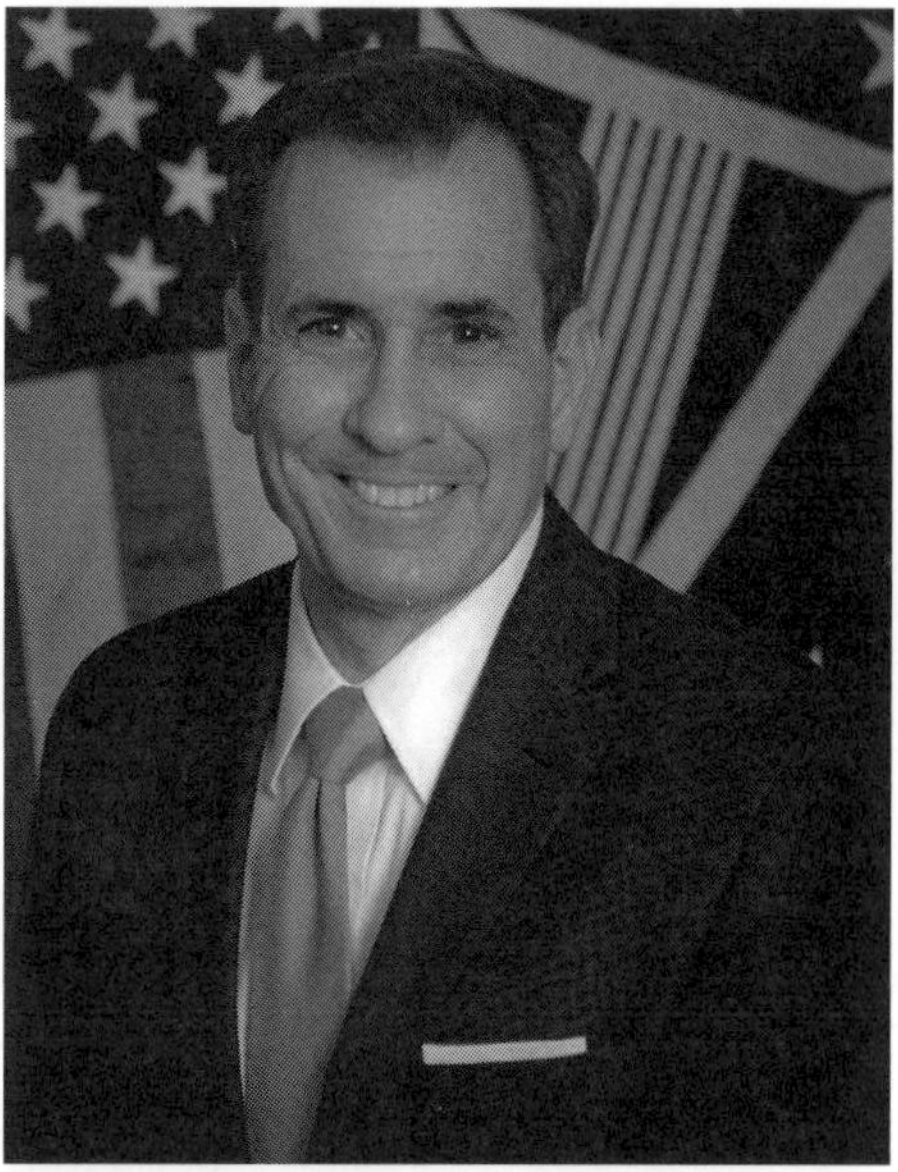

ペンタゴン報道官のジョン・カービー。報告書の公開後に、UAPの存在が領空だけでなく国家安全保障上での課題になると述べている。

キャスリーン・ヒックス国防副長官。6月25日、UAPTFの使命を正式なものとするため、情報・安全保障局を立ち上げた。

とめたもので、現時点での取り組みを明らかにしている。また、UAPに対する理解を深める能力を伸ばすため、一連の過程と方針、必要となる技術、そして訓練についても明らかにされたと考える」

これを受け、キャスリーン・ヒックス国防副長官が6月25日、情報・国家安全保障局を立ち上げた。現時点でUAPTFが担っている使命を、正式なものとする方策を練り上げていくためである。

この計画は、軍事部門や戦闘部隊司令部、アメリカ合衆国国防情報長官室など、ペンタゴン内のさまざまな部局の連携によって進められ、UAPに関する情報の収集と報告、そして分析を同期化し、軍事施設・訓練施設の安全に関する勧告を行い、連携・人的資源・配置・権限・遂行予定など、ペンタゴンが計画推進のために新しく迎え入れる人員が必要とするものを明らかにして確立するものだという。

70年以上前に書かれた「トワイニング書簡」と酷似するUAP報告書

公表された初期評価報告書は、予想に反して9ページという簡素なもので、報告書の核となっているのは、2004年から2021年までの144件におよぶUAP目撃情報。そのうちの1件は大型の「バルーン（気球）」だったことが判明している。

アメリカ政府は、検証対象となったUAPは、「大半が軍のパイロットなどが直接目撃したものであり、信頼できるシステム、つまりはレーダー、赤外線機器、電気工学機器、兵器探知機等複数の機器によって検知されている。さらに信頼できる軍人たちが目視により観察・確認したもので、UAPの存在は歴然としている」としているが、個々の事例に関しての詳細な分析と報告が添付されていないのが気がかりだ。当然、筆者は何か裏があるのではないか、と勘繰ってしまう。

ところで、18件について、UAP特有の異常な飛行パターンについての言及があるが、これはとりわけ珍しいことではなく、従来から目撃報告されているUFOの形態と飛行特性そのものである。

さらにいえば、その内容は70年以上前に書かれた「トワイニング書簡」と酷似しているのである。同書簡の内容について、簡潔に述べる。

――1947年、オハイオ州ライト・フィールド（現ライト・パターソン）航空基地航空資材部隊の指揮官だったネイサン・トワイニング中将が、ペンタゴンの航空情報部副参謀長だったジョージ・シュルゲン准将の依頼によって、UFO（当時の呼称はフライング・ソーサー＝空飛ぶ円盤）についての極秘情報を記したものである。

トワイニングは同年9月23日にその書簡を書き「空飛ぶ円盤は本物である」という意見を述べている。

書簡は実業家ケネス・アーノルドの目撃からわずか3か月後、ニューメキシコ州ロズウェルでのUFO墜落事件から2か月後、空軍が独自の組織として創設されてからわずか5日後に作成された。書簡はワシントンDCの陸軍航空隊最高司令官宛てに郵送され、ジョージ・シュルゲン准将へと転送されている。

1947年7月8日、ロズウェル空軍基地（ロズウェル陸軍飛行場の通称）が空飛ぶ円盤を所有しているというプレスリリースを発表した同日、トワイニングは予定されていた旅行をキャンセルし、西海岸へ向かう。彼は「非常に重要で突然の事案のために」ニューメキシコ州に7月10日まで滞在していたという。おそらくロズウェル事件の調査に関わっていたと思われる。

書簡は機密扱いだったが、後にFOIA（情報公開法）の要求を通じて開示された。トワイニングの主張と主旨は「この現象は現実のものであり、調査されるべきだが、空飛ぶ円盤はアメリカのものではない」ということだった。

トワイニングの空飛ぶ円盤に対する見解は、次のようなものだ。

「極度の上昇速度や機動性（特に横転時の）。友軍機やレーダーに目撃ないしは接触された場合の〝回避〟行動など、報告される飛行特性からみて、一部の物体は手動、自動またはリモートで制御され

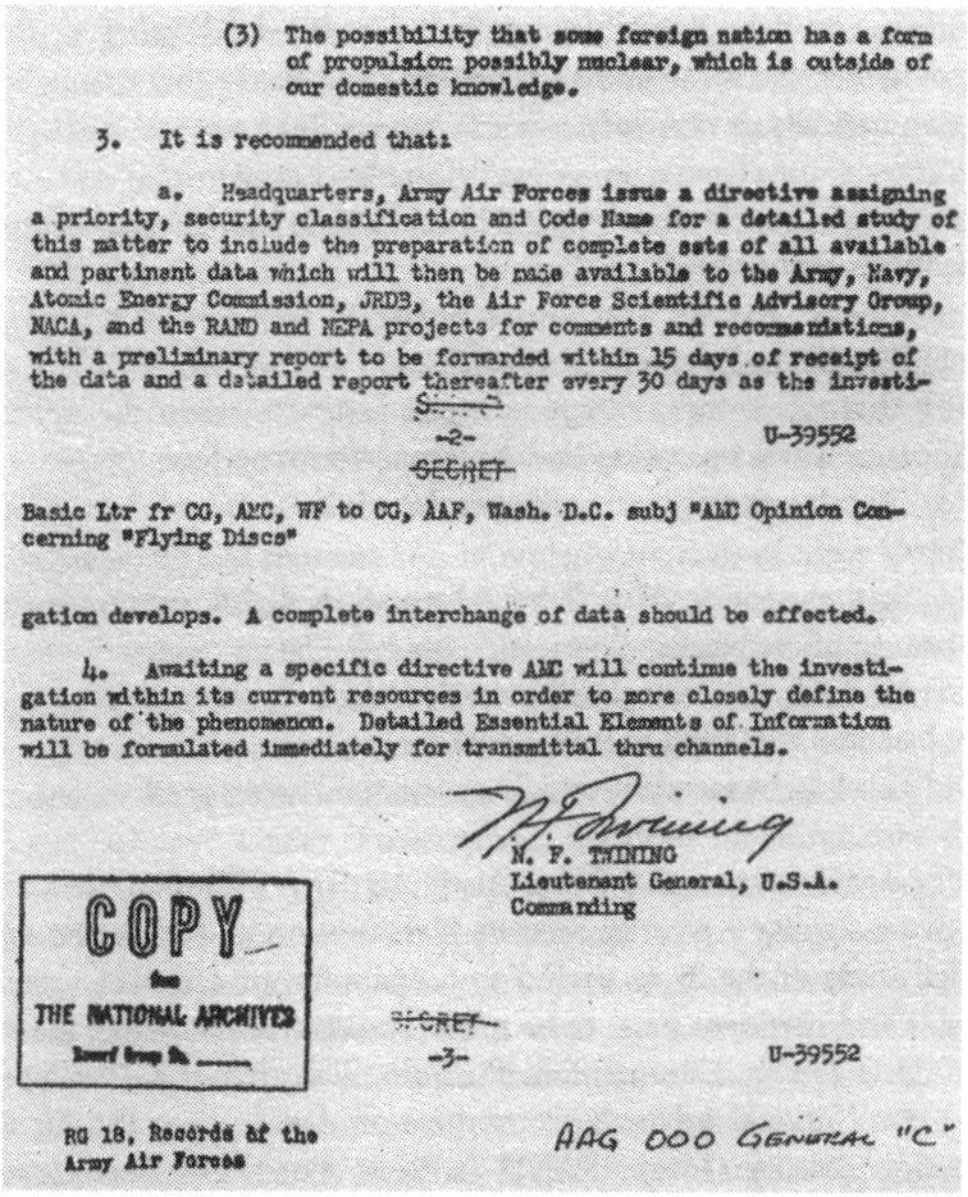

(3) The possibility that some foreign nation has a form of propulsion possibly nuclear, which is outside of our domestic knowledge.

3. It is recommended that:

a. Headquarters, Army Air Forces issue a directive assigning a priority, security classification and Code Name for a detailed study of this matter to include the preparation of complete sets of all available and pertinent data which will then be made available to the Army, Navy, Atomic Energy Commission, JRDB, the Air Force Scientific Advisory Group, NACA, and the RAND and NEPA projects for comments and recommendations, with a preliminary report to be forwarded within 15 days of receipt of the data and a detailed report thereafter every 30 days as the investi-

~~SECRET~~

-2- U-39552

~~SECRET~~

Basic Ltr fr CG, AMC, WF to CG, AAF, Wash. D.C. subj "AMC Opinion Concerning "Flying Discs"

gation develops. A complete interchange of data should be effected.

4. Awaiting a specific directive AMC will continue the investigation within its current resources in order to more closely define the nature of the phenomenon. Detailed Essential Elements of Information will be formulated immediately for transmittal thru channels.

N. F. TWINING
Lieutenant General, U.S.A.
Commanding

COPY
from
THE NATIONAL ARCHIVES
Record Group No. ____

~~SECRET~~

-3- U-39552

RG 18, Records of the Army Air Forces

AAG 000 GENERAL "C"

約70年前に書かれた「トワイニング書簡」。当時フライング・ソーサーと呼ばれたUFOに関する極秘文書だったが、情報公開法にもとづき内容が公開された。

ネイサン・トワイニング准将。彼は自身が纏めた書簡で「UFOはアメリカの秘密の航空機ではない」と記している。

ている可能性がある」

彼の見解が、最新の報告書に記されているUAPの特性とほぼ同じであることに驚かされる。

「アメリカには、1947年時点で、実験機も含め、報告された空飛ぶ円盤の操縦を再現できる、航空機は存在していない。今日でも、最先端の航空機はマッハ以上の速度での鋭角ターンなど不可能だ」

トワイニングもやはり、最新の報告書どおり、「UFOはアメリカの秘密の航空機ではない」と記している。なんと彼はUAPレポートよりも70年以上も前に、同様のことを記しているのだ。

ここに、トワイニングの最初で最高のセリフを記しておこう。

「報告された現象は現実のものであり、空想的または架空のものではない」

NASA長官が暴露! ペンタゴンは真の機密文書を秘匿している!

ペンタゴンのUAP情報に精通しているアメリカのテレビ関係ジャーナリストでコメンテーターのジョージ・ナップは、「UAPデータの大部分はアメリカ海軍の報告から成っているが、現在、アメリカ陸軍およびその他の機関による活動からの関連データを統一する作業が進行中である。U

ＡＰＴＦは現在、空軍などの機関からさらに多くの事例報告の収集に努めており、ＦＡＡからのデータ収集も開始されている」と、その現状を明かしている。

改めて指摘するが、初期評価報告書は著しく具体性に欠けていて、しかも実際に起きたケースにも言及していないため、中身が薄く物足りなさが否めない。とはいえ、今回の報告書は、アメリカ軍部が史上初めてＵＦＯの存在を認めた公式書類である。同時にＵＡＰに対する科学的な検証が必要であること、それに特化したプログラムを立ち上げるべきである、ということも認識させた。

こうしたプロジェクトは、規模からして、あの「マンハッタン・プロジェクト（第2次世界大戦中の原爆製造計画）」に匹敵するとされている。アメリカの歴史を通して、軍部や政府がこうした姿勢を見せたことはないだけに、今後の展開に注目する必要がある。

同年6月30日、ＣＮＮのキャスター、パメラ・ブラウンがニュースオンラインでＮＡＳＡ長官ビル・ネルソンにインタビューした。そこで、なんと新たな事実が暴露されたのだ。

ネルソン長官は、「映像を見るに、チックタックはレーダーにロックされたにも関わらず、瞬時に高速移動している。この高速移動する物体を、科学的な観点から何らかの説明ができるかどうか、科学者に依頼している。今はその報告を待っているところだ」と語った。だが、これは公表された情報機関の報告書とは異なる「機密版」を読んだことに言及し、公開され文書のは機密情報が記載されていない「非機密版」だったことを明かしたことになった。図らずもインタビューで「真の機密文書」が存在することを暴露したのだ。

やはり筆者が勘ぐったとおり、公開された報告書はさしさわりのないデータが記載された、いわば〝ダミー〟だった。だが、だとすれば、〝本物〟の「機密版」にはいったい何が書かれていたのか？　最初の公聴会（国家安全保障会議）で、何が公開され、何が明らかにされたのだろうか？

「SF映画」と表現された14本のUAP映像

アメリカのニュースサイト「MYGH ONLINE」（6月28日付）に、UFO研究家でもあるバージニア工科大学のボブ・マクグワイア教授が、公聴会の〝真実〟を明かした。「70ページの〝完全な機密報告書〟と14本のビデオがあった。私は国家安全保障会議に出席した何人かの人を知っているが、そのときに聞いた最高のコメントは、『われわれが見たのは40分のSF映画だった、われわれは皆、度肝を抜かれた』というものだった」

ビデオ映像をSF映画と描写するからには、そこに映しだされたUAPは急降下、急上昇、急旋回、急停止、急発進など、それも秒単位での変幻自在の飛行パターンを繰り返したのだろう。常軌を逸しており、観るものを圧倒したにちがいない。

【上段】UAP報告書を持つアメリカのジャーナリスト、ジョージ・ナップ。UAPTFが、海軍だけでなく、陸軍や空軍などさまざまな機関からUAP事例報告を収集していると、現状を明かしている。
【下段】NASA長官のビル・ネルソン。チックタックUAPの高速移動に関しての分析を科学者に依頼しているという。

マクグワイア教授によれば、議会と国家安全保障会議に共有された機密文書の全文は、公開された報告書より、はるかに詳細なものだったという。

この報告書が発表される数日前、ペンタゴンのUFO調査プロジェクト「AATIP」元長官だったルイス・エリゾンドが、「未公開の鮮明なUAP映像がある。そのいくつかは、非常に高精細なビデオだ。それを見ると、〝あれは、われわれの機体ではない〟と気づくはず」と語っている。

やはり〝真の機密文書〟が存在し、精細なUAPビデオまでが存在していた。それはともなおさず、ペンタゴンをはじめ、国家の情報機関がUAPのすべてを把握していたということになる。

そこで気になるのは、再三指摘するが、ペンタゴンが「UAPは国家安全保障上の脅威」と認めたことだ。いかに中身が薄いとはいえ、これは今回の報告書が掲げた〝最大のニュース〟といっていいだろう。

なぜペンタゴンはUAPの脅威を認めたのか？

実は、アメリカ政府がUFO現象調査の報告書を公開するのはこれで3度目だ。1回目は1953年のロバートソン査問会、2回目は1969年のコンドン報告。どちらも、「UFOは国家安全保障上のなんら脅威とはならない」との理由で、調査機関を閉鎖したのは2章で述べたとおりだ。

だが、今回の報告書〝最大のニュース＝目玉〟は、一連のUAP事件が「国家安全保障上の脅威をもたらす」とペンタゴンが認めたことにある。それはUAPがアメリカの戦略的または通常の軍隊を危険にさらす可能性＝兆候があるということだ。それにしても、報告書には、50年以上も前とは真逆のことが明記されているのだ。理由は、「UAPによる脅威」が現実に迫りつつあるからだろうか？

実は、かつてペンタゴンを脅威＝震撼させた事件が起きている。ひとつがあの「ワシントン事件」だ！

1952年7月19日と26日の夜、アメリカの首都ワシントンDCの上空に多数のUFOが出現した。超高速で移動するUFOはレーダーで捕捉され、世界最強の軍事力を誇るワシントンを脅かし、ついには当時のハリー・S・トルーマン大統領の迎撃命令をもたらした。が、緊急発進した戦闘機が接近するとUFOはパッと消え、遠ざかると再び出現する、ということを繰り返した後、ゆうゆうと飛び去ったのだ。約1週間後、再びワシントンDC上空にUFO群が姿を見せ、トルーマン大統領は懇意にしていた物理学者アルベルト・アインシュタイン博士にアドバイスを求めた。

すると、アインシュタイン博士は、「未知なる知性体の優れた科学力を認めて戦闘を回避すべきだ……」と答えたという。だが、このアドバイスでUFOへの攻撃が中止されたかどうかは判然としていない。

もうひとつは、アメリカ全土でＵＦＯウェーブに見舞われていた１９６７年3月16日の明け方に起きた。モンタナ州のマルムストローム空軍基地の上空に出現したＵＦＯが、基地の核ミサイル発射システムを機能停止にしまうというショッキングな事件だった。この事件で、ペンタゴンは軍がＵＦＯの前に無力であることを、如実に認識したことだろう。そして、人々の頭脳には、ＵＦＯが国家安全保障上の脅威だと刷り込まれたはずだ。

１９６9年以降、ペンタゴンは表面上ＵＦＯの存在を否定してきたが、一方で上層部は、その機能の解明と攻撃に対する防御手段の確立が急務だと考えてきた。その証拠が後に極秘に立ち上げられたＵＦＯ調査・分析プロジェクトのＡＡＴＩＰだ。

今日、その元長官であるルイス・エリゾンドをスポークスマンに仕立てて、ＵＦＯやペンタゴン情報をリークさせ、そして多発するＵＡＰ対策のため、ＵＡＰＴＦをも誕生させている。

ペンタゴンにとってUAPは敵対的な存在だ！

とにかく、前述したように、ＵＳＳオマハ事件が起きた7月、カリフォルニアの沖合では１週間

Washington's Aerial Whodunit

Here are pictures of the place, the equipment, and the men who spotted the strange objects dodging around in the Washington air these past two week-ends. What were they? Nobody seems to know. At least, no official is admitting it. The testimony, however, is hardly possible to doubt. A group of mysterious somethings flew around this neighborhood.

【上段】1952年7月19〜20日かけて出現したワシントン事件のUFO（写真はゴースト映像）。

【下段】事件を報じたワシントン・デイリーニュースの一面。

の間、連日UAPが出現していたとの報告がある。場所は警戒領域で軍の基地もある。当時、関係者はかなりの緊張状態にあったのではないか、と推測される。時には一触即発状態だったこともあったようだが、もちろん報告書にそんな事実は記載されてはいない。だが、再三指摘するが、報告書にはUAPが国家安全保障の脅威である、と明記されている。

なぜなら、アメリカの、それも警戒領域内をUAPが自在に飛び回っている。明らかに領空侵犯されているからだ。だがUAPの正体はもとより、その実態も不明となれば、国家の安全保障を根底から揺るがせ、かつ脅かす大問題だ。明らかにUAPの脅威が深刻化していることを示唆させずにはおかないだろう。

同空域と海域でのUAPの活動活発化している。すでに軍はそれを察知していたのだ。ペンタゴンがAATIPを立ち上げたことからも、軍や政府が相当前からUFOの潜在的な脅威を注視していたのは間違いない。

UAPTFはこうした経緯で設立に至ったのだ。もっともアメリカは注視するだけでなく、具体的な〝UAP対策〟も講じている、と筆者は考えている。

エリゾンドは「UFOの挑発行為が目立ってきた」と警告している。もしUAPが正面きって敵対的行動を示してきたとしたなら、ペンタゴンの対抗手段＝対策には、いったいどんなものが考えられるのだろうか？

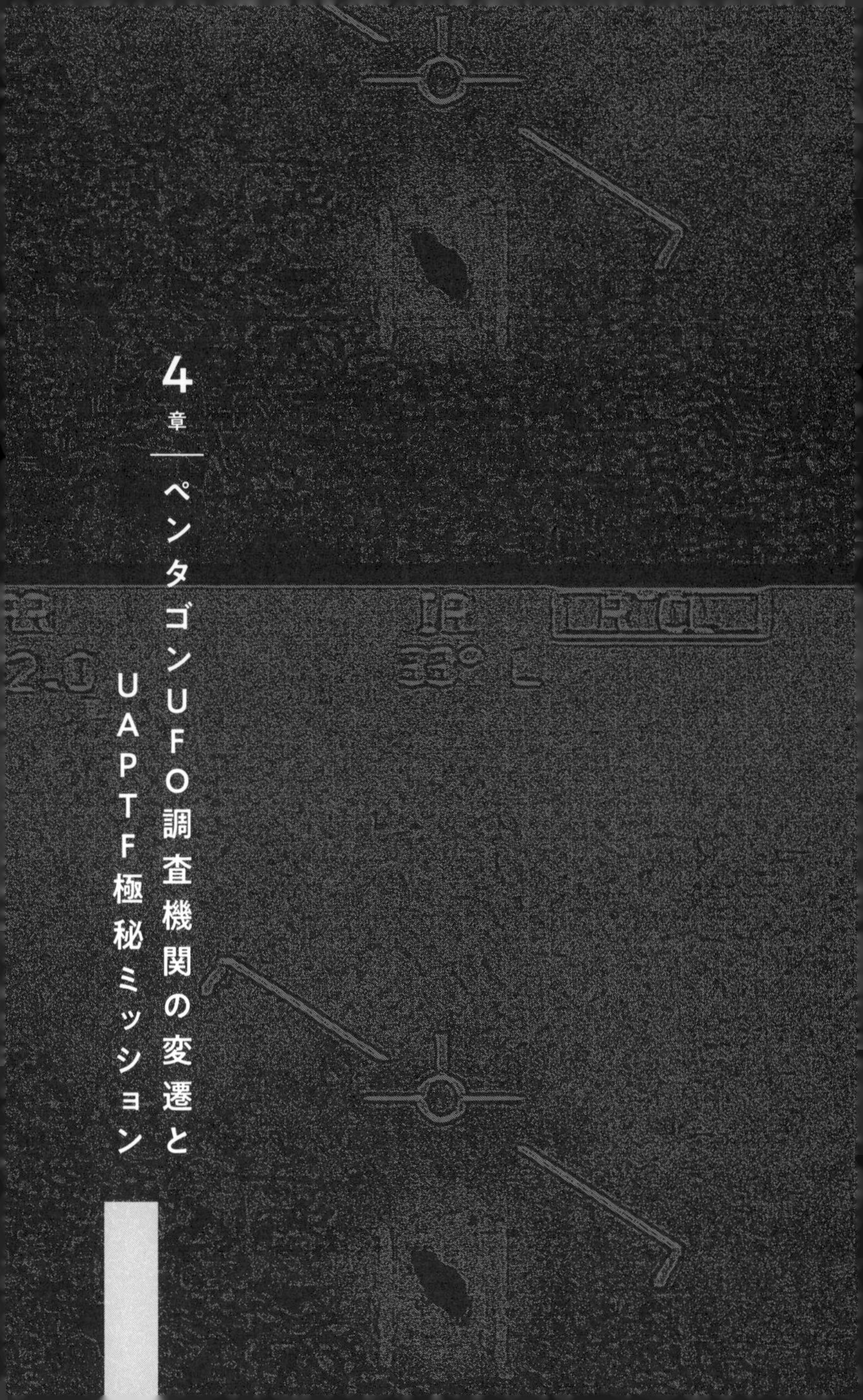

4章

ペンタゴンUFO調査機関の変遷とUAPTF極秘ミッション

◯アメリカ空軍UFO調査機関の創設前夜

近現代のUFO史において、1947年はとりわけ重要な年といえる。歴史的事件が次々発生し、同時に公的な調査機関の設置が推進されたからだ。その起点となるのが、史上初の公式記録となった未確認飛行物体の目撃報告である。

同年6月24日、アメリカ人実業家のケネス・アーノルドが自家用機でワシントン州のレイニア山上空を飛行中に、未知の飛行物体9機と遭遇。自身の体験を公の場で証言したのだ。不可思議な飛行物体の代名詞「フライング・ソーサー」という言葉を生み出したこの事件は、アメリカ中で目撃情報が急増するきっかけとなり、ペンタゴンのUFO対策の端緒にもなった。

そして翌月、UFO事件史上、最も有名な「ロズウェル事件」が発生する。7月1日、ニューメキシコ州ロズウェル、アルバカーキ、ホワイトサンズの各基地のレーダーが正体不明の飛行物体を捕捉した。その数日後、ロズウェル北西のフォスター牧場で、謎の金属片やプラスチック状の物体が発見される。さらに7月8日、現場を検証した陸軍航空隊のプレスリリースが世界中に衝撃を与えた。その内容は、「第509爆撃航空軍の職員が空飛ぶ円盤を回収した」というものだった。数

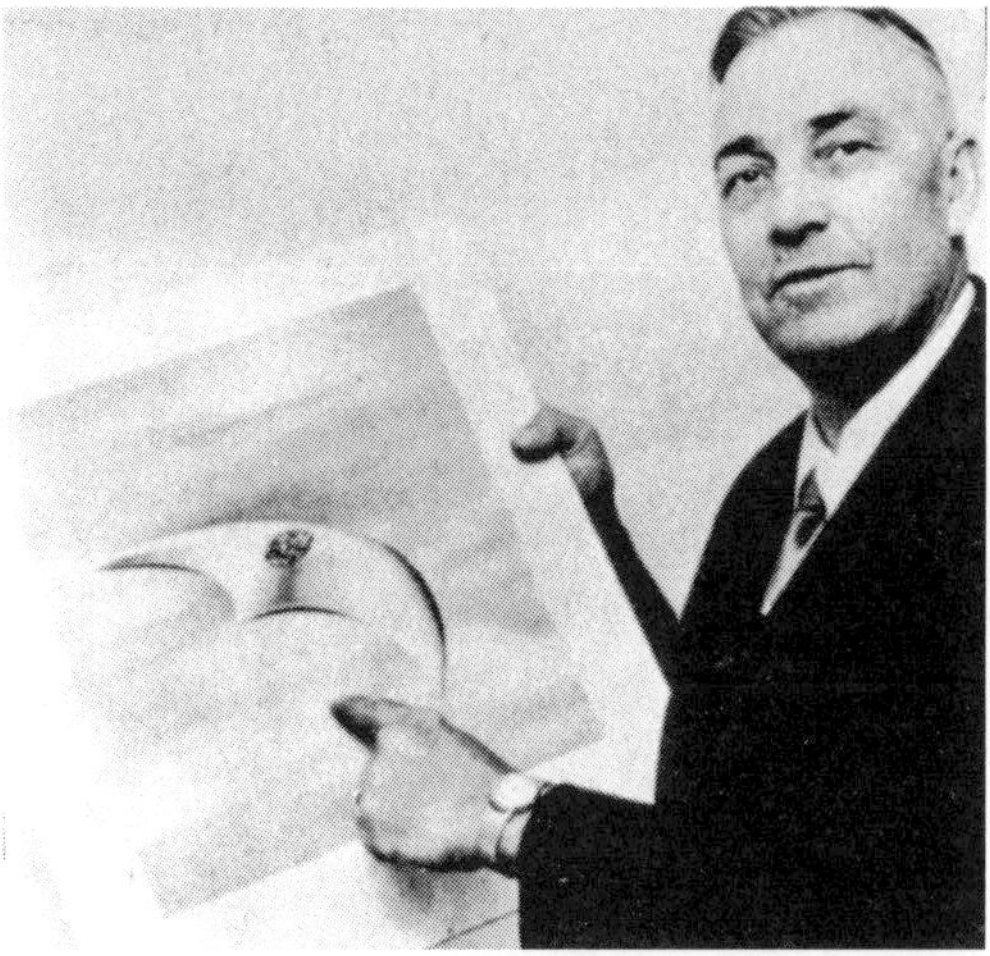

【上段】実業家のケネス・アーノルド。1947年6月24日、ワシントン州のレイニア山上空で、
9機の謎の飛行物体を目撃。公の場で証言し、
空飛ぶ円盤＝フライング・ソーサーという言葉を生み出した。
【下段】ロズウェル事件の破片散乱現場に立つ筆者。この場所から〝UFOの謎〟がスタートした。

時間後、円盤は気象観測用気球の誤認であったと訂正されたが、回収にあたったジェシー・マーセル少佐が、軍は事実を隠蔽していると証言したことで、今なお事件は数多の伝説や憶測の対象となったままである。

だが、もし本当に回収したものが気球だったとしても、軍が正体不明の飛行物体に注視していたのは間違いない。第2次世界大戦の終戦直後から、未確認飛行物体の報告は相次いでおり、軍内部でも然るべき組織の創設を望む声が多かった。アメリカとソ連（現ロシア）の冷戦時代にさしかかっていた影響も少なからずある。当時の航空技術では実現不可能な速度で飛ぶ物体がソ連製であれば、国家安全上の脅威だ。いずれにしても正体の特定は急務で、空軍情報部は調査部隊を発足させた。

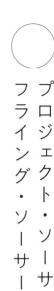

プロジェクト・ソーサー対フライング・ソーサー・キラーズ

UFO調査機関の準備室となる部隊はふたつあり、ひとつはハワード・マッコイ大佐を司令官に、オハイオ州ライト・パターソン空軍基地情報部に創設された「プロジェクト・ソーサー」。もう一方は首都ワシントンDCの国家軍事機構情報部において、アーロン・ボクズ少佐がリーダーを

「プロジェクト・サイン」のメンバー。「プロジェクト・ソーサー」と「フライング・ソーサー・キラーズ」のグループから再編された機関だったが、当初は両者の意見が対立していた。

【下段右】1948年1月7日、戦闘機で謎の飛行物体を追尾していたトーマス・マンテル大尉。
【下段左】マンテル大尉が搭乗していたノースアメリカンP51。この事件は、UFOによる撃墜事件のひとつとして、後に「マンテル大尉事件」と呼ばれている。

務める「フライング・ソーサー・キラーズ」と呼ばれるグループだ。

1948年1月、両者は「プロジェクト・サイン」に再編されるが、未確認飛行物体を地球外由来と主張する前者と、ソ連の秘密兵器と結論する後者の見解は大きく異なっていた。

だが、サイン実働の直前、未確認飛行物体追尾中の航空隊機が墜落事故に見舞われた。「マンテル大尉事件」と呼ばれるこの事件が発生したのを皮切りに、「ゴーマン少尉UFO空中戦事件」など、大事件が立てつづけに起こり、未確認飛行物体を地球外由来の宇宙船とする見解に収束していった。

しかし上層部は、調査スタッフの報告は根拠に乏しいと、この見解を一蹴。1948年末には、空軍の総意として地球外由来の宇宙船の否定声明が出され、サインは解体されてしまった。同時に「プロジェクト・グラッジ」が新設されたが、調査対象は未確認飛行物体から、目撃者の心理調査へと変わっている。組織を司る上層部が未確認飛行物体そのものの存在に否定的なのは明らかで、複数の空軍所属スタッフが目撃者となり、空軍気象局などの専門家が誤認や幻覚ではないと断言した事例においても、気象観測用気球の誤認と結論づけられている。

この調査機関にはオハイオ州立大学天文学教授で、マクミラン天文台長を務めるアレン・ハイネック博士も参画している。もっとも、後に優れたUFO研究家として名を馳せるとはいえ、当時の彼はUFO懐疑派であり、目撃事例のほとんどは合理的に説明できるとした、地球外由来の未確認飛行物体を否定する報告書を提出している。

なお、1949年8月には、アメリカ南西部で目撃が相次いだ未確認飛行物体の一種「グリーンファイヤーボール」の調査組織「プロジェクト・トウィンクル」が空軍内に発足している。研究対象となった緑色の火球のほとんどが自然現象と考えられる一方で、明らかに地球外の存在と考えられる現象も含まれていた。それにも関わらず、同組織も2年足らずで活動を中止している。上層機関にとっての脅威はあくまでソ連であり、地球外由来の宇宙船は絵空事で、民衆をパニックに陥れる危険をはらんだ、排除・隠蔽すべき事案だったのだろう。

UFO調査機関の黄金期とCIAの計略

グラッジの活動停止から2度目の秋、ニュージャージー州フォートマンマス上空で事件が起こる。1951年9月、訓練飛行中のパイロットたちが円盤形の飛行物体と遭遇。その機影が地上のレーダーでも捕捉されたのだ。空軍情報部長がこれを問題視し、UFO調査機関の発動を決定した。そして、ライト・パターソン空軍基地の航空技術情報センター長を務めるジャック・ダン大佐にグラッジの再編を命じたのだ。

はたして1952年3月、空軍情報部内でグラッジが再起動(「ニュープロジェクト・グラッジ」に改名とも)。これはほどなくして、「プロジェクト・ブルーブック」と名を改め、独立した特別機関に昇格した。同組織にはハイネック博士を筆頭に、その存在を公正な立場で検討する者が数多く在籍したが、中心をなしたのは初代機関長のエドワード・ルッペルト大尉である。

後に空軍の正式用語となる「未確認飛行物体」を表す言葉「UFO(Unidentified Flying Object)」を提唱したことで知られるルッペルト大尉は、正式な目撃報告要旨を作成するなど、充実した研究体制を確立。空軍におけるUFO研究の黄金期を築いた。

しかし、軍上層部とCIA(アメリカ中央情報局)はUFOの脅威よりも、国内が集団ヒステリー状態に陥る社会的潜在的脅威、さらにソ連側がUFOを使って仕掛けてくる心理戦争に危機感を募らせていた。

1953年1月、一連のUFO騒動の収拾を計るため、CIAは物理学者ハワード・ロバートソン博士を議長とするUFO査問会「ロバートソン査問会」を開催した。そして、この場において「UFO現象が国家に対する物理的な脅威となる直接的な確証はない。同時に、国外の人工物体による敵対行為であることを示す証拠もない。したがって、この現象に対する現在の科学的概念に修正の必要性はない」と結論づけ、UFO現象を全面否定したのである。その結果、ルッペルト大尉は空軍情報部を追われてしまう。

【右】プロジェクト・ブルーブックのリーダーを務めたエドワード・ルッペルト大尉。
【左】グラッジとブルーブックの報告書。表紙は〝水色〟である。

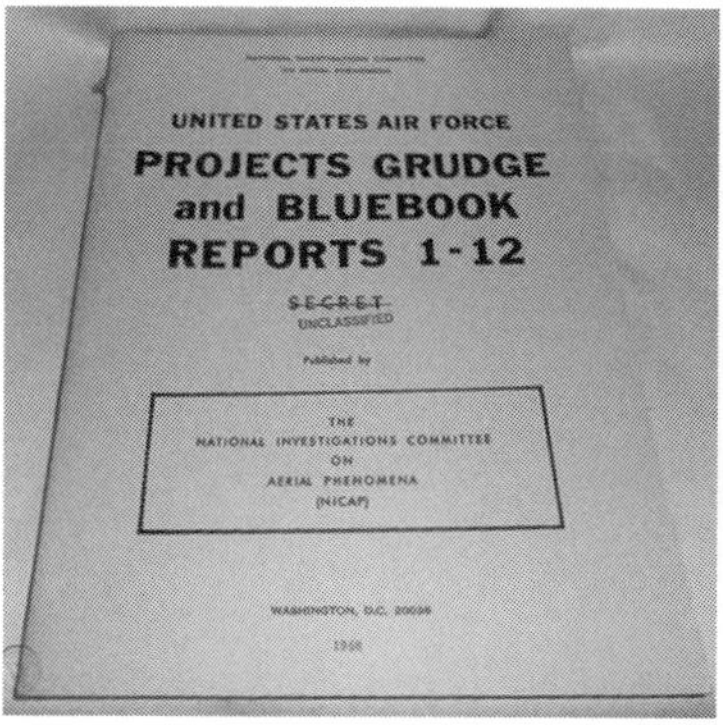
UNITED STATES AIR FORCE
PROJECTS GRUDGE and BLUEBOOK REPORTS 1-12
~~SECRET~~
UNCLASSIFIED
Published by
THE NATIONAL INVESTIGATIONS COMMITTEE ON AERIAL PHENOMENA (NICAP)
WASHINGTON, D.C. 20036

【下段左】核物理学の権威エドワード・コンドン博士。
コンドン委員会の設立はUFO調査機関の終焉を迎える結果となった。
【下段右】物理学者ハワード・ロバートソン博士。
彼を議長としたロバートソン査問会はUFO現象を否定した。

さて、ブルーブック自体は継続したが、CIAの思惑に屈した組織ができることは、結局のところ、マスコミや世論によるUFO論争の火消しにすぎず、やがて空軍の調査対応姿勢に批判が集中するようになる。これに対して空軍は、核物理学の権威エドワード・コンドン博士を責任者とした公聴会「コンドン委員会」を開催して、調査の正当性を示そうとした。だが、結果的にこれがUFO調査機関の幕引きとなる。

1969年、「UFOは科学的研究の対象たりえず、国家安全保障上の脅威となりえない」という委員会の最終見解が示されると、ペンタゴンはブルーブックの解体を決定したのだ。

墜落UFOの回収部隊だったブルーブック

話は少し戻る。1964年4月24日、ニューメキシコ州ソコロで、パトロール中の警官ロニー・ザモラが、着陸したUFOとその乗員と思われる生物と遭遇するという事件が発生した。

事態を重視したハイネック博士は、すぐにライト・パターソン空軍基地にあるブルーブックの司令部に赴き、副司令官のヘクター・クインタニラ少佐に現地への出張を願い出たただし、当時のブルーブックは司令部といっても、人員構成はクインタニラ少佐と中尉、軍曹、事務処理の女性2名という貧弱さだった。それゆえか、クインタニラ少佐はハイネック博士の話をはなから信じようとはしない。

「着陸したUFOから降り立ったヒューマノイドを見たですって？　そんなことがあるはずないじゃないですか、先生？　出張は認めますよ。交通費と宿泊費の領収書は必ずもらっておいてください」

ところが、ブルーブックには実は裏の顔があった。ソコロ事件と同じころ、日時は明らかにされていないが、まだ夜明け前の午前4時、クインタニラ少佐の自宅の寝室の電話が鳴った。軍曹からだった。

「何だ、こんな朝早く？」

不機嫌な声で応じたクインタニラ少佐だったが、電話からの報告を聞いたとたん、表情が引き締まった。

「中西部にUFOが墜落した模様です」

「墜落現場は特定できたのか？　よし、現地の空軍憲兵隊に墜落現場をただちに封鎖させろ。ブルーブック総員出動だ！」

少佐がライト・パターソン空軍基地に着くと、滑走路にはすでに大型輸送機と何人もの将校、兵隊が待機していた。輸送機には移動実験室が装備されていた。墜落したUFOと破片類を即座に分析するためだ。

そう、ブルーブックは、墜落UFOの回収部隊という〝裏の顔〟を持っていたのである。

余談だが、筆者は1979年、日本テレビの招きで来日したハイネック博士と何度か話す機会を持ったが、「UFO最大の謎は消えることにある」と語り合ったくらいで、他は世間話に終始した。筆者としては、ブルーブック在籍時のオフレコ話を期待したのだが、徒労に終わった経験がある。

◯「先端航空宇宙脅威特定計画＝AATIP」と「NIDS」

1992年、ジャック・ヴァレ博士（履歴は後述する）は、ブルーブックが機能していた当時、ある事実を公表した。それは空軍が収集したUFO目撃情報の分析および墜落UFOの件で回収された金属片の分析が、民間シンクタンク「バテル記念研究所」に委託されていたこと。その担当チームは「プロジェクト・ストーク」と呼称されていたが、後継組織名が「プロジェクト・ゴールデンイーグル」と変わり、ハイネック博士も科学顧問として関わっていた、というものだった。

同情報をペンタゴンは黙殺したが、当時、民主党上院院内総務を務めていたハリー・リード上院議員が注視した。リードは超常現象専門のシンクタンクを個人的に支援するほど、未知の飛行物体

約40年前に来日したアレン・ハイネック博士（右）と筆者（左）。
博士は「UFOの最大の謎は消えることにある」と語ったという。

【下段左】筆者（右）とジョン・アレキサンダー大佐（中）。UFO問題についてはまったく語らなかったという。左は当時取材に協力したノリオ・ハヤカワ氏。

【下段右】テキサス州の大富豪ロバート・ビゲロー。
彼が所有するベンチャー企業「ビゲロー・エアロスペース社」は、
超常現象を専門とした研究所NIDSを設置した。

に対して理解が深く、同時に民主党の大物議員でもあった。その彼がペンタゴンに情報開示を求め、同時にUFOの脅威に備えるよう強く進言したのだ。

1996年、テキサス州の大富豪ロバート・ビゲローが創立したベンチャー企業「ビゲロー・エアロスペース社」は、リードの支援を受けて、「NIDS（ディスカヴァリー・サイエンス・ナショナル研究所）」をロサンゼルスに設置した。NIDSはUFO、超心理学、臨死体験を扱う世界最初の超常現象専門のシンクタンクだった。この組織には、ニューメキシコ州ロスアラモス国立研究所で「ノン・リーサル・ウエポン（非殺傷性兵器）」の開発に取り組んでいたジョン・アレキサンダー大佐、そしてジャック・ヴァレ博士も創設から加わっていた。

NIDSは2004年に解散するが、代わって設立されたのが、「BAASS（ビゲロー・エアロスペース・アドヴァンスド・スペース・スダディーズ社）」だった。同社は後に現在のビゲロー・エアロスペース社に併合され、NIDSのUFO研究も継続されている。

1996年3月、筆者はロサンゼルスでアレキサンダー大佐を取材している。初めて通された書斎の机の上にうずたかく積まれた書籍、本棚にも隙間なく並べられた書籍の数々が目を惹いた。そのすべてがUFO、臨死体験、超能力など、超常現象に関するものだった。単なる趣味とは思えない。その光景は、アレキサンダー大佐がやはり超常現象の問題にかなり深く関わっていることを物語っていた。

インタビュー時間は1時間にも満たなかったが、ノン・リーサル・ウエポンについては、部分的な情報を提供してくれた。しかし、話題をUFO問題に向けると、大佐はとたんに口をつぐんでしまう。われわれに話していい情報と、そうではない情報を明確に区別しているようだが、その真意は最後まで不明のままだった。

帰りがけ、同行したアメリカ在住の筆者の盟友ノリオ・ハヤカワ氏が、ビゲローとの関係を問いただすと、大佐は表情を硬くして「知らない」とぶっきらぼうに答えたのが印象的だった。

まだ詳細は公表できないが、筆者はバテル記念研究所とは別に、NIDSのUFO研究部門を継承した科学者グループが、ロズウェル事件を含むUFOの40件近い残留金属片を確保し、分析していることを知っている。彼らが先端航空宇宙脅威特定計画「AATIP」にも深く関係していたことも、である。

2007年、リード上院議員の尽力は実を結び、DIAはUFO調査プロジェクトAATIPをスタートさせる。バラク・オバマ政権下の海軍省で策定されたこのプロジェクトは、「国家安全保障上の脅威となりうるUFO」に関する情報収集活動をしていたが、情報公開もないまま、2012年に解散している。

ちなみに、AATIPが作成したとされる490ページに及ぶUFO報告書は未だ公開されていない。

機密情報に精通するジャック・ヴァレ博士とは？

この第4章では、しばしばジャック・ヴァレ博士の名が登場する。

理由としては、実はＪＳＰＳ研究局スタッフのひとり、礒部剛喜氏がヴァレ博士と長年親交を重ねており、その関係で入手した機密事項を含む機密情報が、本章に反映されているからに他ならない。

まず先に、ヴァレ博士の履歴を記しておこう。

１９６２年に母国フランスからアメリカに渡ったヴァレ博士は、１９６７年にアレン・ハイネック博士の招きで、イリノイ州ノースウェスタン大学のコンピュータ研究センターに籍を置いた。同時に、ハイネック博士とともにブルーブックの科学顧問を務め、ＵＦＯ調査報告書の整理を任された。

そのため、ヴァレ博士はブルーブックの活動の実態を詳細に知ることができたのだ。

この過程で、ヴァレ博士はブルーブックのＵＦＯ調査報告書に記載された内容に疑問を抱いた。

そして、それをハイネック博士に直接問うことで、ストークからゴールデンイーグルに至る、ペンタゴンが秘してきたUFO政策の実態を把握した。

ヴァレ博士はまた、ハイネック博士が国家安全保障に関わることから、ブルーブックの活動について、真実を伏せていたことを知っていたが、彼の生前中にはいっさい公表しなかった。

1970年以後、ヴァレ博士はカリフォルニア州スタンフォード大学に移籍し、サンフランシスコに移り住んだ。

そして、シンクタンクであるスタンフォード研究所の非公式なスタッフとして、超心理学者のハロルド・パソフ博士のチームに加わり、超心理学とUFOの接点についての研究を始めたのである。

スタンフォード大学では、高名な物理学者のピーラー・スターロック博士のチームがUFO問題に取り組んでいて、ヴァレ博士はこのふたつのチームのメンバーとしてUFO研究を行っている。

1979年ごろから、ヴァレ博士は宇宙飛行士として宇宙からのテレパシー送信実験に加わったエドガー・ミッチェル海軍大佐と、陸軍情報保安総隊のジョン・アレグザンダー大佐たちと親交を深めるようになった。

その後、ビゲローがNIDSを創設したとき、UFO研究のスタッフのひとりとして加わり、彼らを通じてペンタゴンのUFO政策と超心理学の軍事利用について、内部機密情報を得られるようになったのである。

ハイネック博士と怪文書「ペンタクル・ペーパー」

今回、そのヴァレ博士がＪＳＰＳに新たな情報を提供してくれた。ペンタゴンのＵＦＯ秘密調査組織は１９４０年代から存在しており、この組織は１９５０年代の初頭に一度改編され、それ以来今日まで継続した作戦を続けてきている、というのだ。

その秘密組織について記す前に、ヴァレ博士が１９６７年６月18日に見つけた驚くべき文書について触れておこう。

彼がハイネック博士の共同研究者として、ブルーブックが作成したＵＦＯ遭遇事例調査報告書の分析に加わっていたときのことだ。空軍の報告書ファイルの中に、〝機密――安全保障情報〟と赤いインクでスタンプが押された文書が紛れ込んでいるのを見つけた。

文書の日付は１９５３年1月9日。後にヴァレ博士が「ペンタクル」と呼ぶことになる人物のサインが記されていた。それは既述のストークと呼ばれるグループから、ブルーブック司令官マイルズ・ゴール中佐宛てに送られた文書だった。

文書には、次のことが記載されていた。

ジャック・ヴァレ博士（右）はアレン・ハイネック博士（左）の共同研究者としてブルーブックの調査報告書の分析にも加わっていた。

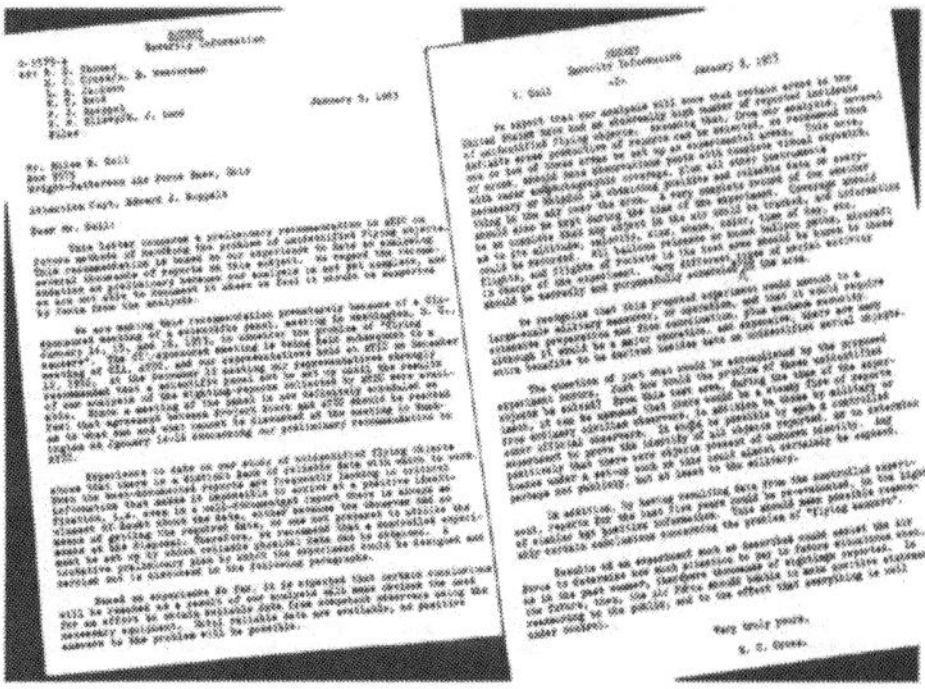

1967年6月18日にヴァレ博士が発見した「ペンタクル・ペーパー」。

「ペンタクル・ペーパー」に記されていたUFO問題査問会＝ロバートソン査問会のメンバー。一番左にいるのがロバートソン博士である。

「1953年1月14日から予定されているCIA主催のUFO問題査問会の開催は、時期尚早であり、延期されることが望ましい。これまでに分析されたUFOとの遭遇ケースから、UFOの出現が異常に多い特定の地域が判明する可能性が高い。その地域にレーダーと写真撮影設備を備えた観測装置を配備し、UFOの出現に備えること。そしてUFO遭遇ケースが多発する地域で、人為的なUFO遭遇事件を生じさせることで、大衆の心理的な反応を掌握することが必要である」

この文書にあるUFO問題査問会とは、既述した〝ロバートソン査問会〟のことだ。これがUFO調査機関の閉鎖という、ペンタゴンのUFO政策に大きな影響を与えたことはヴァレ博士も知っていた。だが、彼はゴール中佐の名といい、そしてストークといい、これまで聞いたことない人物と組織が密かに活動していたことに衝撃を受けた。

ヴァレ博士はこの文書を「ペンタクル・ペーパー」と名づけた。

1967年7月10日、ハイネック博士と昼食をとった際、ヴァレ博士は「ペンタクル・ペーパー」について問いただした。すると彼は、ペンタゴンと空軍のUFO政策に強い疑問を抱いていたことを吐露。科学顧問を辞任するべきかどうか悩んでいると告げた。さらに、世界的な科学教育社であるマグロウヒル・グループに雇用され、秘密組織ゴールデンイーグルのメンバーとなり、自ら空軍科学顧問のポストにあることを明らかにしたという。

ペンタゴンのUFO政策にひと役買ったマグロウヒル社は、ブルーブックを傘下に置く「FTD

（空軍対外技術部）」から、UFO事件の分析を委託された企業だったのである。同社を隠れ蓑にして、ペンタゴンは情報活動に加わる科学者を雇い入れていたという。

後にヴァレ博士は、「ペンタクル・ペーパー」を書いた人物が、オハイオ州にあるシンクタンク、バテル記念研究所のハワード・C・クロスという科学者であることを明らかにしているが、同研究所こそがロズウェル事件で回収された金属片の分析に関わっていたことが判明している。

ロズウェル事件直後に開始された形状記憶合金の開発

ライト・パターソン基地司令官アーサー・エクソン将軍は、退役後の晩年、ロズウェル事件調査をライフワークにしているリサーチャーのひとり、UFO研究家のドン・シュミットに、ロズウェルでは形状記憶合金が回収されていて、組成の一部がチタン合金だったことを証言している。さらには、この件に関する報告書の存在も示唆した。その後、情報公開法により、報告書が実在することが明らかになった。

内容は、ライト・パターソン空軍基地とオハイオ州コロンバスにあるバテル記念研究所が、ロズウェルUFO墜落事件で回収された金属を分析・研究したものだった。報告書によれば、それは金属を分析した際のもので、質感がアルミホイルに酷似していているが、手でくしゃくしゃにしても、わずかな時間で元通りになるという、まさに形状記憶合金の特性を示したという。

「ニチノール」というニッケルとチタンの合金がある。これは〝形状記憶合金〟として復元力がきわめて高いことで知られているが、この金属の研究開発が開始されたのは1940年代終わりで、舞台となったのがバテル記念研究所だった。つまり、開発が始まったタイミングは、ロズウェル事件発生直後だったのだ。また、1965年の同研究所の研究報告書には『系統内チタン／ジルコン合金』という項目があり、その柔軟な性質を模索していたことが記されている。

さらに、報告書にはエルロイ・ジョン・センターという人物が出てくる。彼はバテル記念研究所所属時代の2009年8月に、墜落したUFOの破片の分析に関係したことを認めた科学者である。

センターは、「一連の研究の目的は、まったく新しいチタン合金を生み出すことだった」と証言し、それは後年、ロズウェルで回収された金属に似た形状記憶合金の開発につながったという。

ちなみに、センターは1960年6月、バテル記念研究所で化学分野の研究をしているとき、上司から墜落した〝空飛ぶ円盤〟の破片として回収された、未知の金属の分析作業を手伝うよう指示されている。手渡された金属のひとつには、象形文字のような文字が刻まれていたという。

バテル記念研究所は、軍部の情報機関から生まれた組織だが、ブルーブックやその他の政府主導

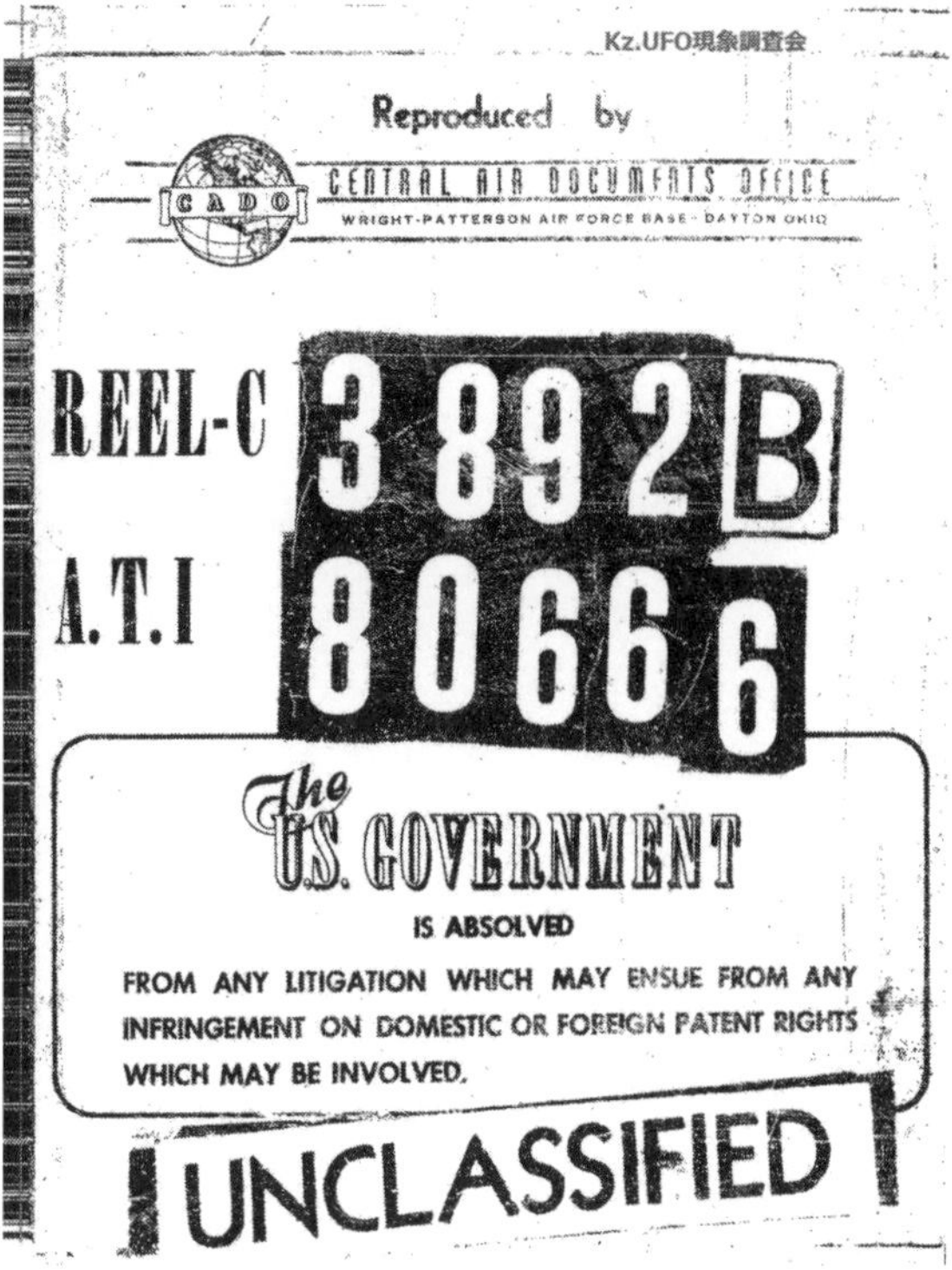

Reproduced by

CADO
CENTRAL AIR DOCUMENTS OFFICE
WRIGHT-PATTERSON AIR FORCE BASE - DAYTON OHIO

REEL-C 3892 B
A.T.I 80666

The U.S. GOVERNMENT
IS ABSOLVED
FROM ANY LITIGATION WHICH MAY ENSUE FROM ANY INFRINGEMENT ON DOMESTIC OR FOREIGN PATENT RIGHTS WHICH MAY BE INVOLVED.

UNCLASSIFIED

バテル記念研究所が1949年に発行したチタン合金に関する報告書。

オハイオ州コロンバスにあるバテル記念研究所。広大な敷地にあるこの研究所は、未知の金属を検証する機関としてふさわしかった。

の公式UFO研究プログラムで大きな役割を果たしてきた。

その研究所がUFOの機体を作る物質を分析し、同様の合金の開発に着手していたとしても何ら不思議はないだろう。

報告書には、ニチノールがロズウェルで回収された一部の金属の正体だったとは明記されていないが、その研究開発のきっかけが、1947年にロズウェルで発見された物質だったことを物語っている。これはすべてゴールデンイーグルの指示だったという。

ロズウェルUFOの破片に関心を示したペンタゴン

ロズウェル事件で回収された金属片——。

それはペンタゴンにとっての最大の関心事だった。ブルーブック解散後、公的なUFO調査機関はなくなったが、ペンタゴンがUFOに対する興味を失ったわけではない。それどころかロズウェル事件で回収されたUFO破片、とりわけ奇妙な特性を示した謎の金属片に異常な関心を抱き、分析を続けていたのだ！

それは、形状記憶合金とは別に、ペンタゴンにとってきわめて悩ましいものだった。研究所で分析中、一部の金属片が驚愕の特性を示したからだった。

その特性とは、いったい何か？

なんと金属片に電波を放射したところ、あろうことか浮き上がり、宙を舞ったというのだ。報告を受けたペンタゴン首脳部は動揺し、さらなる解析を急がせた。だが、その特性は解明されないまま、継続研究されているという。

浮遊する金属片——、実は、同様の報告が他にもある！

1997年8月、「ムー」創刊200号を記念して、アメリカのUFO研究家リンダ・ハウの来日特別講演が開催された。このとき彼女がロズウェル事件に関係するという小さな金属片を持参したのである。

ハウによれば、1996年当時、ネバダ州ラスベガスで放送されていた「ドリームランド」というラジオ番組でパーソナリティを務め、科学や環境、そして超常現象に関するレポートを公表していた。同年5月、番組宛てにリスナーから送られてきた小包に入っていたものが、〝小さな金属片〟だという。

送り主は軍人で、祖父がロズウェル回収部隊の一員だったという。祖父が亡くなった後、生前大事に保管していた金属片をハウに見てもらうべく送りつけたのである。

送り主によれば、墜落した機体の外側、底辺部分から削り取られたものだという。

電磁波放射で浮遊したビスマス合金

同年7月23日、ハウは知人の大学教授の元にこれを持ち込み、走査型電子顕微鏡およびエネルギー・波長分散分校装置を使用した検査を実施した。その結果、この金属片はマグネシウムと亜鉛で構成された層と、ほぼ全体がビスマスでできた層が交互に重なりあうようになった特殊な合金と判明（以下、ビスマス合金と呼ぶ）。

さらに、マグネシウム／亜鉛層の質量は、ビスマス層の2・4〜2・9パーセント程度でしかなく、一般的に含まれているはずのジルコンがまったくなかった。地球上のマグネシウムの組成は、10パーセント程度のマグネシウム25。そしてマグネシウム26からできている。もし、ビスマス合金が地球上で精製されたものであるならば、同位元素マグネシウム26に異常は発見されないはずである。

1996年7月20日、ワシントンDCに本部がある「カーネギー研究所」のイオン分光の専門家エリック・ハウリによって、さらなる分析が実施された。結果、ビスマス合金から検出されたマグネシウムの組成は、すべてマグネシウム26だったのである。すなわち、明らかに地球上に存在するマグネシウムではなかったのだ。

では、このビスマス合金はどのようにして作られたのか？

ハウリはその機能を知るため、独自に磁場に対する反応を検査した。結果、驚くべき事実が判明した。ビスマス合金が強度の静電気に包まれた状態で特定周波数の電波にさらされると、なんと反重力的な動きを見せたのである。

同年9月、ハウドルはサンプルを50万ボルトの静電界に置いて、電磁波を当てるという実験を実施した。するとビスマス合金は空中に浮遊したのだ。

ペンタゴンがひた隠すUFOテクノロジー

驚くべき特性。このビスマス合金を製造しようとしたら、かなり高度なテクノロジーが必要となるだろう。この事実こそ、ロズウェル事件も含めて墜落したUFOをペンタゴンが保管し、今日まで隠蔽しているという噂を実証する鍵を握っているのかもしれない。

とはいえ、ロズウェル事件で回収されたという金属破片が示した特性は、当時としては確かに未知のものだったにちがいない。だが、現在ではとりたてて珍しくないものもある。たとえばバテル記念研究所が完成させた形状記憶合金を筆頭に、他にも特殊合金、加工物などといったさまざまなハイテクの産物が存在しているからである。もっとも、ビスマス合金を含めこれらハイテクの産物は、墜落したUFOから得たテクノロジーに起因している可能性も考えられる。

ヴァレ博士は、「ロズウェル事件以降地球外の知識を習得し、それを地球科学に応用し開発するという極秘プロジェクトが、ずっと続けられている」と指摘している。

2019年7月、「ムー」の取材で筆者がロズウェルを訪れたとき、同行したドン・シュミットから興味深い情報を聞いた。

1947年年当時、ロズウェル基地には第393爆撃師団が駐屯していた。当然のことながら、技術専門のグループもあった。この師団に所属していたとある工兵が、死の間際、シュミットにこう告げたという。

「ドン、私が旅立つ前に、何とかしてあの物体の飛行メカニズムを解明してほしい。あれには動力装置がなかったんだよ」

なんと、残骸から推進装置に該当するものはまったく見つからなかったというのだ。これを聞いたシュミットは、UFOは操縦者の思考がそのまま反映されるようなメカニズムで飛行していたのではないかと考えた。そして機体には形状記憶物質が組み合わされていたのではないか、と……。

つまり、操縦者の思考を反映するテクノロジーと形状記憶合金。それが密接にリンクしていたと

リンダ・M・ハウが持参したビスマス合金。
電磁波の照射で浮遊するという驚くべき特性を持っている。

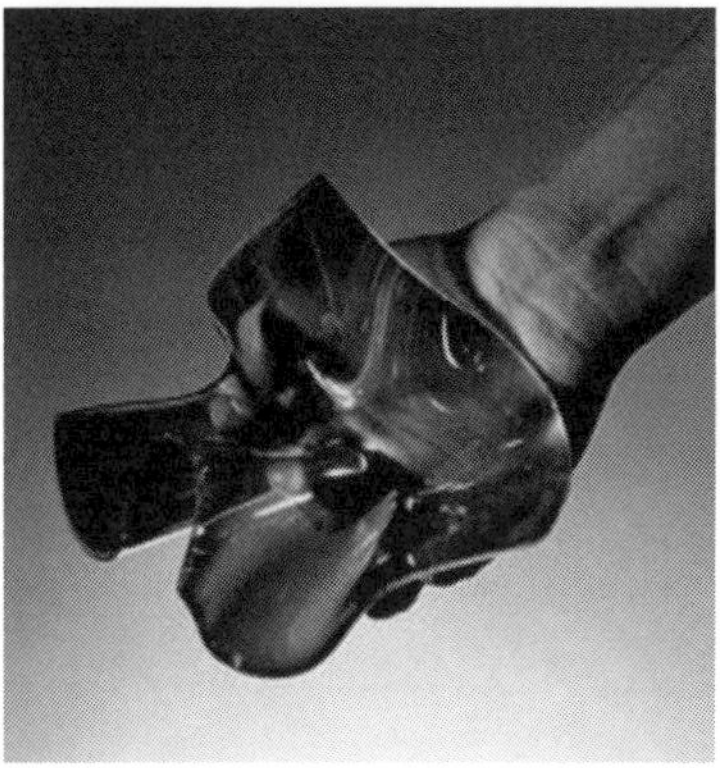

【下段】形状記憶合金の柔軟性を示す。新しい合金はやはり地球外の
テクノロジーをチタンによって開発されたのか。
ロズウェルで回収された金属から研究された可能性がある。

すれば、形状記憶物質にある程度の知性を持たせておけば、操縦者の思考と連動できるという超常的なメカニズムを発揮できる。事件を説明するうえで一考を要する、非常に興味深い仮説といえる。同時に、ビスマス合金の存在とも深くリンクしているようではないか？

もしかしたらペンタゴンからの要請で、バテル記念研究所では、かなり以前から浮揚する金属片に関する分析研究と応用開発が進められているのかもしれない。ロズウェル事件から2021年で74年。すでに飛行能力を秘めた特殊記憶合金が使用された革新的な機体が開発途上にあるか、もしくはテストフライトしている可能性がある。その場所こそ、やはり「エリア51」に違いないだろう。

UAPTFの影で暗躍する謎の秘密組織「フラウド」

2021年、ヴァレ博士はこれまでUFO研究者が黙殺してきた、1945年に起きた「サンアントニオUFO墜落事件」の存在を明らかにした報告書『トリニティ』を出版した。サンアントニオ事件についての詳細は別の機会に譲るが、ヴァレ博士はこの報告書の中で、これまで知られていなかった秘密組織の存在を明らかにしている。

1997年4月、超常現象専門のNIDSの物理学者エリック・デイヴィスは、宇宙飛行士のエドガー・ミッチェル大佐とウィラード・ミラー中佐から極秘情報を告げられた。それは秘密裏に回収された墜落UFOと搭乗者の遺体を管理する「ディープ・ブラック・オーガナイゼーション」という秘密組織の存在だった。

デイヴィスは、国防情報局長官トーマス・レイ・ウィルソン海軍中将に事実確認をした。するとウィルソン長官は、政府内に極めてハイレベルな「フラウド」と呼ばれる秘密組織が存在することを匂わせたのだ。

ウィルソン長官が、連邦議会の「スペシャル・アクセス・プログラム・オーバーサイト・コミュニティ」というセクションから得た情報によれば、フラウドは400人から800人程度のメンバーで構成され、その活動はいっさいの通信手段を排除して、メンバー同士が直接会うことを推進している。いかなる文書も残さないことが鉄則であるという。

彼らの目的は、確保されたUFOの残骸から未知のテクノロジーを解明し、UFOを復元することと——「リバース・エンジニアリング・テクノロジー・オブ・UFO」にあるという。

ウィルソン長官はウィリアム・ペリー元国防長官から、この組織の活動について知りたければ、「OUSDA（調達・技術担当国防次官室）」の過去の記録を調べるよう、助言を受けた。だが、ペンタゴン上層部から墜落UFO事件にこれ以上首を突っ込むと、DIAの長官を解任するという警告を受け、詮索を断念したという。

にわかに浮上した最高機密組織フラウド。ここで闇に包まれたこの組織と、かつてエリア51で実施されていた「レッドライト・プロジェクト」が、筆者の中でつながった。

エリア51で展開されていた「レッドライト・プロジェクト」

レッドライト・プロジェクト――。

それは、アメリカ最大の秘密基地エリア51で実施されていた「UFOのテストフライト」である。墜落したUFOを回収し、それを復元して飛ばす実験を行っていたのだ。

1990年2月、「UFOスペシャル番組」（制作日本テレビ＝1990年3月24日放映済み）のロケ班に同行した筆者は、午後6時すぎ、エリア51を囲む山の稜線からユラユラと発光しつつ舞い上がるUFOを目撃した。赤みがかったUFOは、強烈に脈動しながら滞空する。楕円形のその光体。それはまさしく〝レッドライト〟だった！　その際にUFOがやや移動し、われわれに向かってくるように見えた。だがそれは錯覚だった。光が強くなったのと、垂直に上昇したため接近してくるように見えたのだ。1分もしないうちに光は薄くなり、揺れるように降下しながらUFOは消えてし

【上段】1990年2月、テレビ番組のロケに同行した筆者が目撃した赤いUFO。
レッドライト・プロジェクトのテストフライトだったのか。
【下段】昼間のエリア51。写真中央の稜線のあたりから赤いUFOが出現した。

まった。

次いで正面からまたもＵＦＯが１機出現した。ゆっくり上昇しながら、左に移動していく。ＵＦＯを目で追っていると、稜線すれすれから別の１機が姿を見せた。２機のＵＦＯは、ときおり空中で静止するような動きを見せたが、やはり１分足らずでふいに消えてしまった。

午後8時すぎ、右から左へ稜線のすれすれを降下していくＵＦＯが出現、いったん上昇してから消えた。ちなみに、ここでは「消える」と表現しているが、実際には稜線にある基地内に着陸しているのではないかと推察される。

当夜の観測は午後9時すぎまで続けられたが、その後ＵＦＯが出る気配がまったくなくなったので、ひとまず打ち切られた。ペンタゴンの極秘プロジェクトのひとつとされたレッドライトを目の当たりにした筆者の興奮は、しばらく覚めなかった……。同時に、この計画を陰から操っていたのが、フラウドだったことも思い出したのである。

ペンタゴンが画策するUAPTFの極秘ミッション

既述のように、２０２０年8月14日、ペンタゴンはＵＡＰＴＦの設置を公表した。同組織の主たる任務は、国家安全保障上の脅威となりえる現象の探知と分析だったが、真の目的は仮想敵国のドローンの情報収集にあるとみなされていた。

だが、UAPTFの活動がAATIPの延長線上にあることは明確で、ロシア、中国のドローンの性能分析などは付属的なものにすぎない。

2021年6月、ODNIは「未確認空中現象＝UAPが国家安全保障上の脅威となりうる」という報告書を連邦議会に提出した。その後、UAPTFの活動は正式に継続されることになった。

筆者はUAPTFの活動について、実際には墜落UFO回収部隊ムーンダスト、最高機密組織ゴールデンイーグル、そして同じく最高機密組織フラウドと深くリンクして「極秘ミッション」を遂行しているはず、とみている。

さらにいわせてもらえば、ペンタゴンがUAPTFを始動させた背景には、軍関係者によるUFO遭遇事例が多発しているからにほかならない。併せてアメリカ西海岸におけるUAPの領空侵犯も、だ。

詳しくは後章で説くが、UAPTFには、ペンタゴンからUAPによる「国家安全保障上の脅威」に対処すべく、極秘ミッションがオーダーされているという。

ここで、アメリカの有力なメディアもほとんど触れていない、UAPTFの内幕について触れておこう。

世界各地に存在するUAPTF

ヴァレ博士から得た情報では、UAPTFはアメリカのみの組織ではなく、1980年代後半から同様の組織が各国で活動しており、アメリカ、ロシア、フランスは、すでに協力関係にあり、情報も交換しているという。

ちなみに、フランス政府は1970年代に「GAPAN（未確認宇宙現象研究グループ）」を結成してUFO研究に力を入れてきた。GAPANは1988年に「SEPRA（大気圏再突入現象評価局）」へと改称され、2005年に「GEIPAN（未確認大気圏内現象研究調査局）」となっている。

1987年12月、テキサス州ブルックス空軍基地の軍医であるリチャード・ニムゾフ大佐に、ペンタゴン内の組織DIAから、フランス、ソ連（現ロシア）と共同で行われるマイクロウエーブ兵器の開発計画への参画要請があった。当時、まだアメリカとソ連は冷戦状態にあったが、ことUFOに関しては手を握っていたのだ。3国間の調整役を務めたのは、フランス厚生省に所属するキャノン陸軍中佐と呼ばれる人物。さらにGEIPANのクロード・ポエル元長官が、このプロジェクトに関わったことが判明している。ただし、ソ連側の関係者の名前は明らかにされていない。だが、

【上段】フランスの未確認宇宙現象研究グループGEIPANのクロード・ポエル長官。
【下段】テキサス州のブルックス空軍基地所属の軍医リチャード・ニムゾフ大佐。
フランスと旧ソ連とともにマイクロウエーブ兵器開発に携わっていた。

ニムゾフ大佐の証言からも、ソ連にも秘密のＵＦＯ調査組織があることは間違いないだろう。そしてまた、半世紀近く軍事的に対立してきたアメリカとソ連がマイクロウエーブ兵器の共同開発に同意したことには、それなりの理由があった。そう、それはもちろんＵＦＯの脅威である。

１９８９年6月16日、ヴァレ博士は、ライト・パターソン空軍基地顧問のひとり、エリン・ケラーストラウスから興味深い話を聴かされた。博士は正確な日時を伏せているが、太平洋上で実施された軍事演習に加わったケラーストラウスは、戦闘機のパイロットが青い光線を照射するＵＦＯと遭遇したときの無線報告を、直接聴いたという。指揮官らしき人物が「照射される光線が緑色に変化したら、すぐにその空域を離脱せよ」とパイロットに命じていたという。だが、ＵＦＯから照射される光線が緑色に変わったとの報告を最後に、戦闘機は帰還しなかったという。

一例を挙げたが、マイクロウエーブ兵器の開発でペンタゴンがフランス、ロシアと手を組んだのは、ＵＦＯとの〝軍事衝突〟という事態、つまり脅威が拡大しているからではないか？

報道こそされていないが、情報ではフランス、ソ連それぞれがＵＡＰＴＦもどきのチームを新たに結成し、軍事基地周辺でのＵＦＯ活動を密かに監視し、ときには戦闘機が迎撃しているという。

ＵＦＯ＝ＵＡＰが地球外起源なら、アメリカだけの安全保障問題にとどまるものではない。全人類の未来に関わる問題だ。アメリカ政府とペンタゴンが、ＵＦＯが地球外の宇宙船だったという結論に達し、それを世界中に向けて公表する日は、そう遠くないのかもしれない。

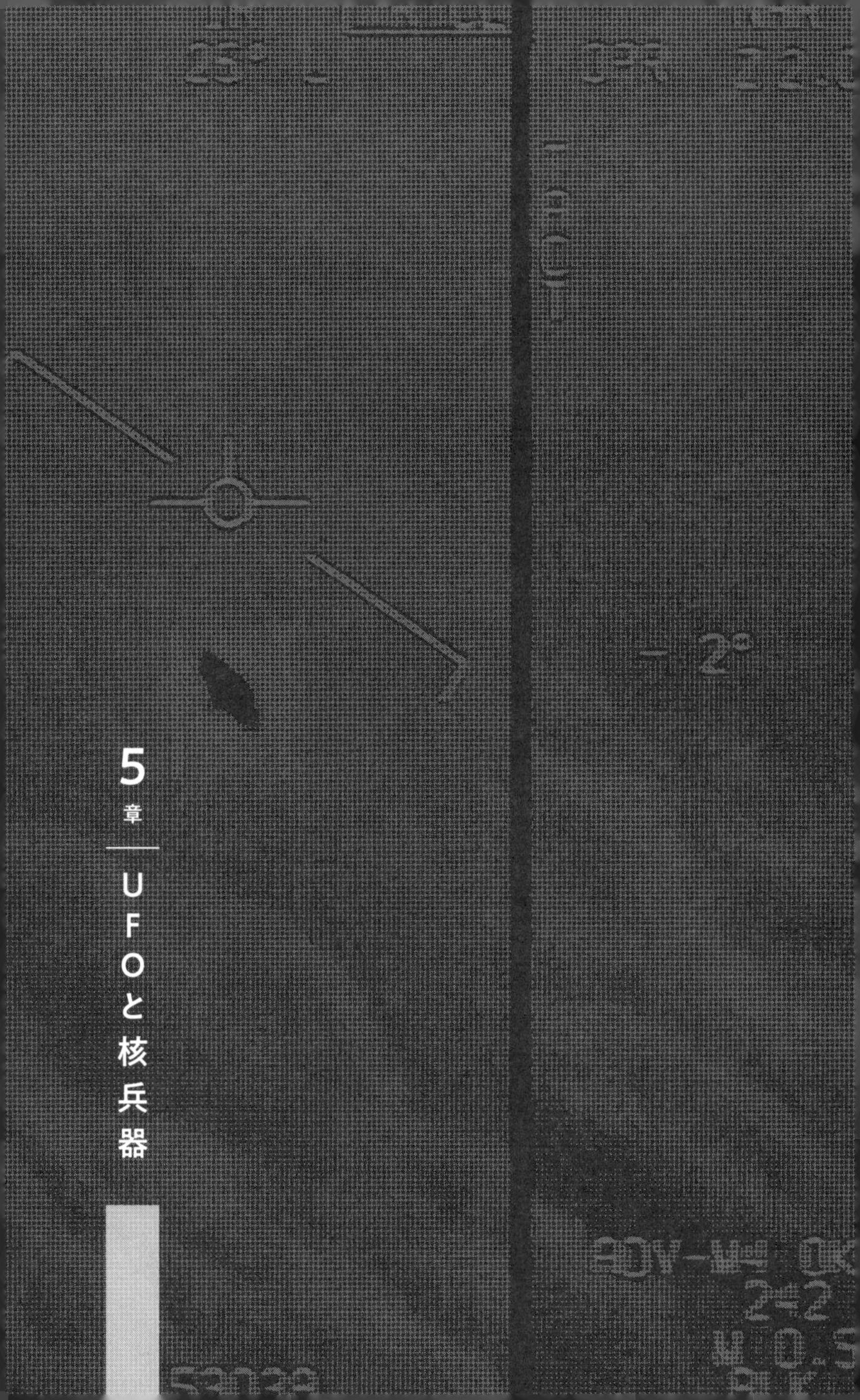

5章　UFOと核兵器

3・11原発事故と多発したUFOの謎

2011年3月11日、日本列島を揺るがす大災害「東北地方太平洋沖地震（東日本大震災）」が日本を襲った。その際、地震と同時に発生した大津波によって、東京電力福島第一原子力発電所は、深刻なダメージを負った。「メルトダウン＝炉心溶解」によって3月12日に1号機で水素ガス爆発が起こり、次いで同14日に3号機が爆発、無気味なキノコ雲が発生。〝放射性物質の放出〟という、重大な原子力事故へと発展していった。

飛散し、拡散する放射性物質による被ばくの恐怖で、われわれをパニックに陥れたことは、いまだ記憶に新しい。

当時、アメリカのCNNや各ニュースサイトでは、1号機と3号機の爆発の鮮明な映像を流し、東電と政府が事故当初に隠蔽した〝メルトダウンが起こった〟という事実、さらに3号機の爆発は〝核爆発だった〟と断じていた。

その報道もショックだったが、筆者はそれとは別に、放映された原発事故の動画に映り込んでいる〝ある物〟に気づき、何度となく目を奪われた。その後、国内でも放射性物質放出のニュースが連日報道されたが、このとき多くのニュース映像でもやはり、〝ある物〟が確認された。

〝ある物〟――。

そう、それは未確認飛行物体＝UFOだ。あろうことか、原発事故現場にUFOが飛来していたのである！

当地福島は、福島市飯野町が「UFOの里」として知られるなど、日本有数のUFOスポットである。したがってUFOの目撃自体、決して珍しい事象ではない。だが、3月11日を境に、福島第一原発付近でUFOが頻発したのだ。

まずは3月12日、CNNのライブニュース場面で、原子炉1号機近くに接近し、一瞬で消え去ったUFOが映り込み、次いで3月18日には、原子炉3号機に放水を開始した映像に、黒色のUFOが下方からジグザグに動き回り、上方へと去っていく模様が撮られている。その後、3号機から灰色のキノコ雲が発生、「核爆発が起きた！」と世界中を震撼させた。このUFOの出現とキノコ雲の発生は、決して偶然ではないだろう。

そして3月26日には、原発施設のある空の一角に白色の球形UFOが群れをなして出現し、うごめきながら移動する光景が撮られている。これは海外ニュースのみの放映で、なぜか国内では放映されなかった。

UFOの出現はまだまだ終わらず、4月12日午後4時すぎのライブカメラに、白色かつ葉巻形の

UFOが右から左へゆっくり移動していく光景が捉えられた。さらに6月13日、そのライブカメラが、夜7時頃から同10時頃までの間、原発上空で発光するUFOを捉えている。

現在でも原発上空の飛行には制限があるが、当時は自衛隊機など、ごく限られた航空機しか近づくことができなかったはずだ。しかもその形状は、日本はおろか世界のどの国の航空機にも見られるものではない。

もちろん、UFOに関して日本政府や公的機関からの発表はない。だが、これらのUFO出現は世界各国で報道されている。では、なぜ〝UFOが原発に接近した〟という事実が日本で報道されなかったのか？　この奇妙な事実を疑問視する声も上がった。

当然のごとく一部のUFO研究者からは、UFOと大震災や原発との間に浅からぬ因縁があるのではないか、とする指摘もあった。

そして不可解なのが、UFOの行動パターンである。映像を見るかぎり、UFOは明らかに原発を目的地と定めるように現れている。

しかも、定点観測をしているかのように、長期的なスパンで、だ。筆者には、UFOが想定外の事故で暴走した原発、そしてそれをとりまく環境が、これ以上悪化しないかを見きわめているかのようにさえ見てとれた。

いや、本当に〝そう〟だったのかもしれない。

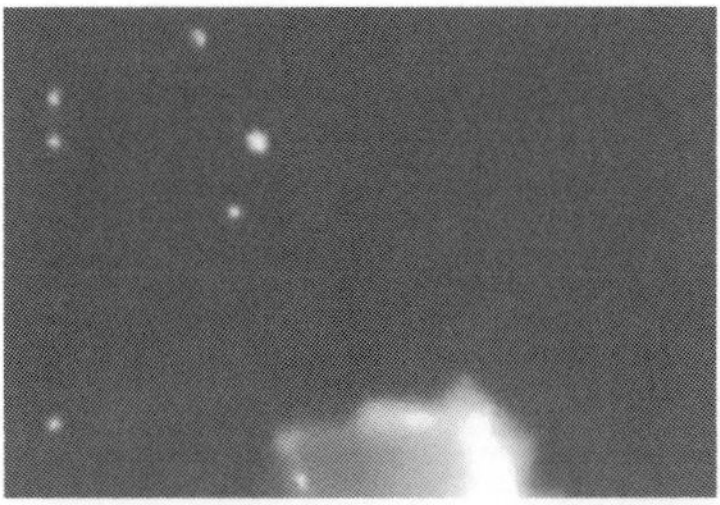

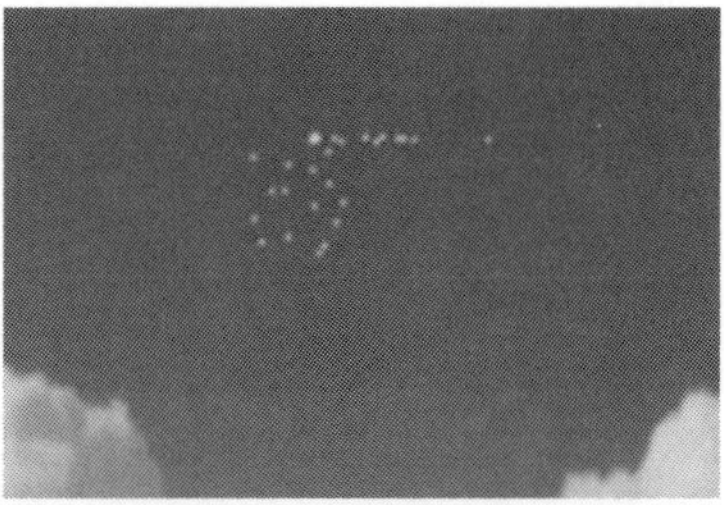

【上段】2011年3月26日に原発上空に出現した白色の球形UFO。
海外のニュースで報じられている。左はUFOの拡大。
【下段】2011年4月12日の午後4時すぎ、ライブカメラに葉巻形UFOが映り込んでいた。
UFOは左から右へ悠然と飛行し、姿を消した。

◯チェルノブイリ原発を救ったUFOの赤い光線

なぜなら、あの「チェルノブイリ原子力発電所事故」でも、UFOが出現していたからだ！

1986年4月26日、ソ連のチェルノブイリ（現ウクライナ）原発で起きた爆発事故。この事故の際、関係者の間で火球のようなUFOを見たという証言が数多くあったのだ。出現したUFOは黄銅に似た色で、崩壊し燃え盛る4号炉の300メートル圏内で目撃されている。

時系列からいうと、最初の爆発から3時間ほど後のことだ。目撃者の証言では、このときUFOは4号炉の上空を3分間にわたって滞空しながら、ふた筋の赤い光線を核爆発寸前の危機にあったこの原子炉に照射し、その後、北西に向けてゆっくりと飛び去った。

なお、UFO出現直前の放射能レベルは毎時3000ミリレントゲンだったが、赤い光が照射された後は毎時800ミリレントゲンとなったという。UFOが放った光線が、放射能レベルを引き下げたことは明らかだ。当時、およそ180トンの濃縮ウランが原子炉にあり、もし爆発が起こったなら、ヨーロッパの半分は現在、地図上に存在しなかったという。つまり、この事故で〝核爆発〟という最悪の被害が起きなかったのは、UFOの助けがあったからだといわれているのだ。

福島第一原発、そしてチェルノブイリ。このふたつの現場でのUFO出現実例を見るにつけ、UFOが核施設にことさら興味を抱いていることは、想像にかたくない。そして、なぜかその後、世界中の原発上空やその近辺で、UFOの活動が活発化したのだ。

原子力発電所で多発するUFO目撃事件

近年、原子力発電所の近辺でのUFO出現の頻度が増している。この問題を追ってきた海外サイトの記者リーダ・アーメドの報告では、2014年だけでもヨーロッパ各地、メキシコ、そしてアメリカにある原発施設にUFOが出現し、その姿が動画で撮影されているのだ。

まずは、スロベニアで起きている実例から見ていこう。

「クルシュコ原子力発電所」は、スロベニア唯一の原発として稼働中だが、2008年以来、施設の上空やその近郊でUFOの目撃が異常に多発した。

特筆すべきは事件が起きたのは、2008年10月24日早朝だった。紫、赤、緑、青色に光り輝くUFOが原発上空に出現、施設の作業員が携帯電話の動画モードで撮影に成功した。同じUFOが10月13日と16日にも目撃されており、この目撃された時間帯に、なんと首都リュブリャナで約5分間の停電が起こったのだ。停電の原因がまったく不明だったことから、「UFOのせいだ！」と、大騒ぎになった。

さらには24日夕方、リュブリャナに向かった国内線のアドリア航空機が原発近郊の上空を飛行中、UFOと遭遇した。このとき突然、機体がまるで乱気流にあったときのようグラグラと揺れたという。その際、窓側にいた乗客たちは飛行機に接近してくるUFOを目撃し、〝衝突するのではないか？〟と、恐怖でパニック状態に陥った。

UFOは楕円形で、青、緑、赤、紫と次々に色を変えながら、数分後には飛び去っていった。すると機体の揺れはぴたりとおさまった。着陸後、空港はUFOの出現で騒然となっていて、事態を収拾すべく武装した保安員がそこかしこに配置されていたという。

翌2009年10月、驚くべきUFOの行動が動画で撮影されている。映像に映っていたのは、クルシュコ原発に向かって急スピードで飛行する4機の白色UFOで、そのまま原子炉に接近したUFOは周辺の空中に停止、滞空。しばらく後、原子炉の周囲を旋回してから、いずこともなく飛び去った。このシーンを見るにつけ、UFOは原発を監視し、その目的を終えてから飛び去ったような印象を抱かずにはおかない。

UFOは、その後もクルシュコ原発上空に現れつづけている！

2013年1月26日夜、原発の原子炉の上空を舞う2機のUFOが、動画で撮影された。2機は

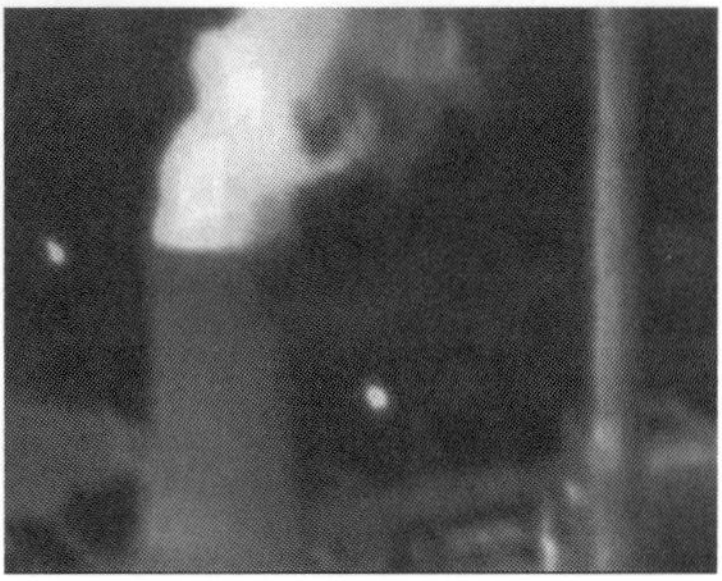

【上段】2008年10月24日の早朝、スロベニアのクルシュコ原発上空に出現したUFO。
【下段左】2009年10月、猛スピードでクルシュコ原発へ飛行する4機のUFO。
【下段右】2009年10月、別アングルから撮影されたUFO。

紫色と青色に光り輝きながら脈動し、対になって飛び回った。ちなみに、ＵＦＯは翌２０１４年にも原発付近に出現し、撮影された。クルシュコ原発は明らかにＵＦＯのターゲットとなっている、といっていいだろう。

原発大国フランスに集中するＵＦＯのホットスポット

次は、マスメディアでも話題になったフランスでの事例だ。

２０１４年10月、フランスでは国が所有するブレイユ、ゴルフェッシュ、カットノン、さらにはハイエなどの原発の原子炉の上空に、ＵＦＯが集中して多発。大きな話題となった。ときには原発付近で15機もの編隊が目撃されたという、驚くべき報告がある。

フランスには計58基の核融合炉があるため、当初、そのＵＦＯ目撃情報は、環境保護団体「グリーンピース」が抗議のために飛ばした〝ラジコン飛行機〟の誤認ではないかと疑われた。だが、グリーンピースは自分たちとそのＵＦＯ群との関与を全面的に否定し、フランス政府もＥＤＦ（フランス電力）も何ら説明しなかった。

フランスは原子力発電が盛んな国であり、同時にＵＦＯの目撃情報も最近とみに多くなってい

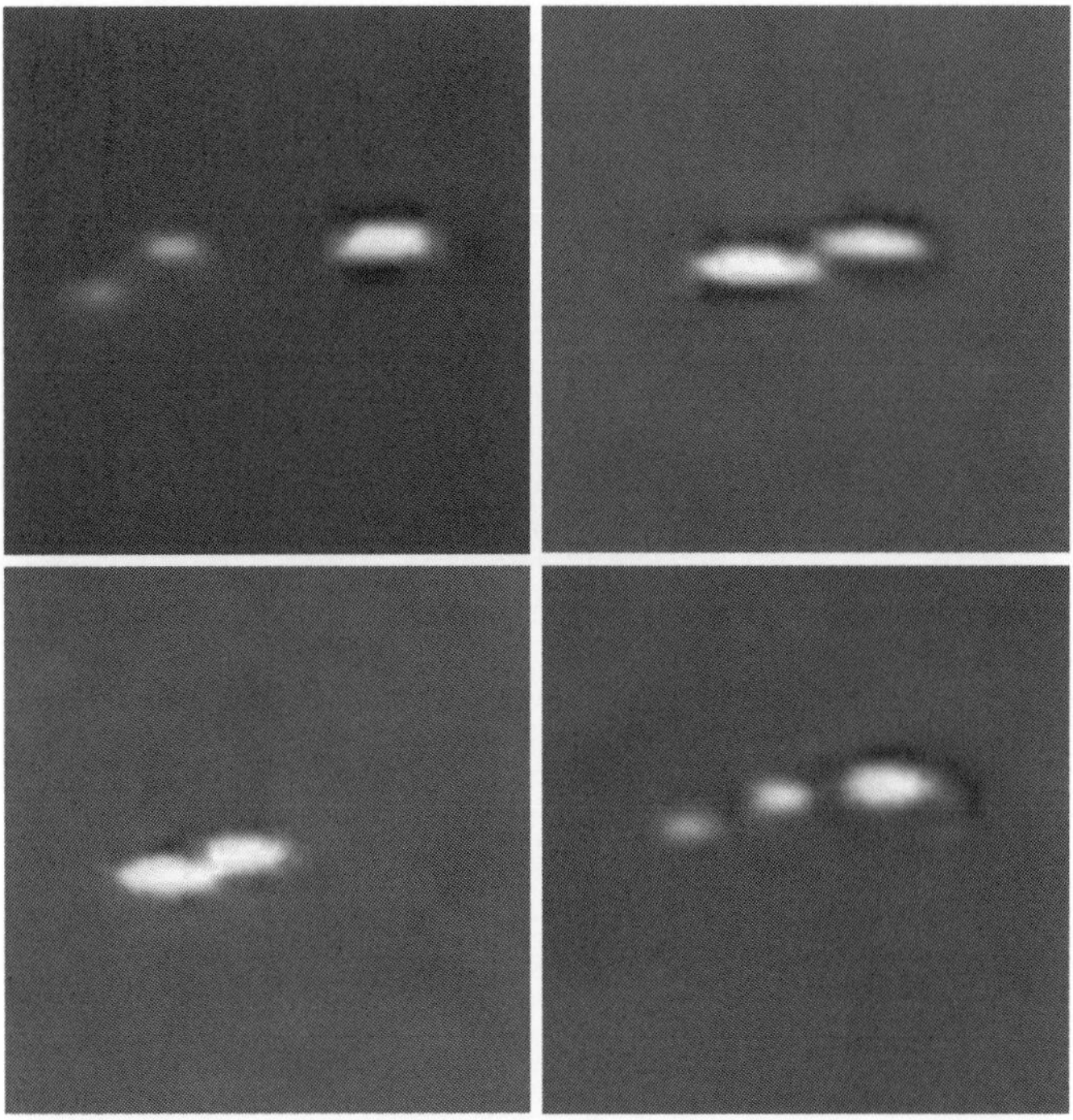

【上段】2013年1月26日の夜、スロベニアのクルシュコ原発上空に出現した2機のUFO。
紫と青色に光りながら原子炉上空を飛行していたという。
【下段】クルシュコ原子力発電所。UFOの監視下にあるのか。

る。既述したように、正体に関して核開発に反対する人々が飛ばすラジコン飛行機の類いだという指摘もあるが、「ハイエ原子力発電所」の施設長パスカル・ペザーニはラジコン説を否定した。そして、施設の上空に飛来した物体はUFOだと明言している。

「今、われわれはラジコン飛行機を見ているのではない。UFOを見ているのだ。しかし、それは施設の安全性を脅かすものではない。これらのUFOは侵略とか攻撃するという意図などなく、施設に接近してしばらく滞空してから、いずこともなく飛び去っていく」

その後の報告でも、同原発上空または近辺でのUFOの出現は、13〜18件起きているという。

11月10日には、モーゼル県にある「カットノン原発」に出現したUFOが撮影されている。当夜、原発近くの駐車場で3人が談笑にふけっていたときだ。ひとりが南の方向から飛んでくる奇妙な物体に気づいた。接近してくるにつれ、それはネオン管のように光るUFOだということがわかった。UFOは原発の敷地内に隣接した警備員室の上でいったん停止した。そして、それから再び動き、視界から消えたという。

同夜、ガロンヌ県にある「ゴルフェッシュ原子力発電所」の上空にもUFOが出現。現場近くに住む人物によって双眼鏡で観察された。双眼鏡を通して、UFOの底部中央には強烈に光る赤いライトがあり、光が痛いほど目に射し込んだという。さらに、そのUFOはドーム状で円盤形をしており、機体の両端には黄色と青色のライトがあった。UFOは冷却塔の上に接近してからいったん

【上段】フランスのゴルフェッシュ原発。機体の底部が赤く光るUFOが近隣住民によって目撃されている。
【下段】同国のブレイユ原発。同地でもUFOの出現が相次いでいるという。

停止し、ゆっくりと回転を始めた。そしてまったく無音で約20秒滞空した後に動き出し、視野から消えたという。その後、目撃者によるスケッチが描かれ、公開されている。

フランスばかりではない。同年12月末には、ベルギーのアントウェルペンから約11キロ離れたところにある「ドゥール原子力発電所」にも光り輝くＵＦＯが飛来、原子炉に接近したという。奇怪なことにその直後、原発が緊急停止したとの話があるが、なぜか詳細についてはいっさい公表されていない。

さて、次に舞台をヨーロッパからアメリカ大陸へと移そう。

核エネルギーを吸収するＵＦＯ？

２０１４年11月5日、メキシコ、ヴェラクルスにある「ラグナ・ヴェルデ原子力発電所」の上空にＵＦＯが出現し、その原子炉周辺を周回する様子が動画で撮影されて、YouTubeにアップされた。同様の形をしたＵＦＯは２０１３年3月30日にも出現し、やはり動画で撮られている。2年の間に同地区において2回も出現。いずれも十字のような形状をしている。動画を見た人々の中からは、「ＵＦＯは調査用の無人機ではないか？」という声もあがった。

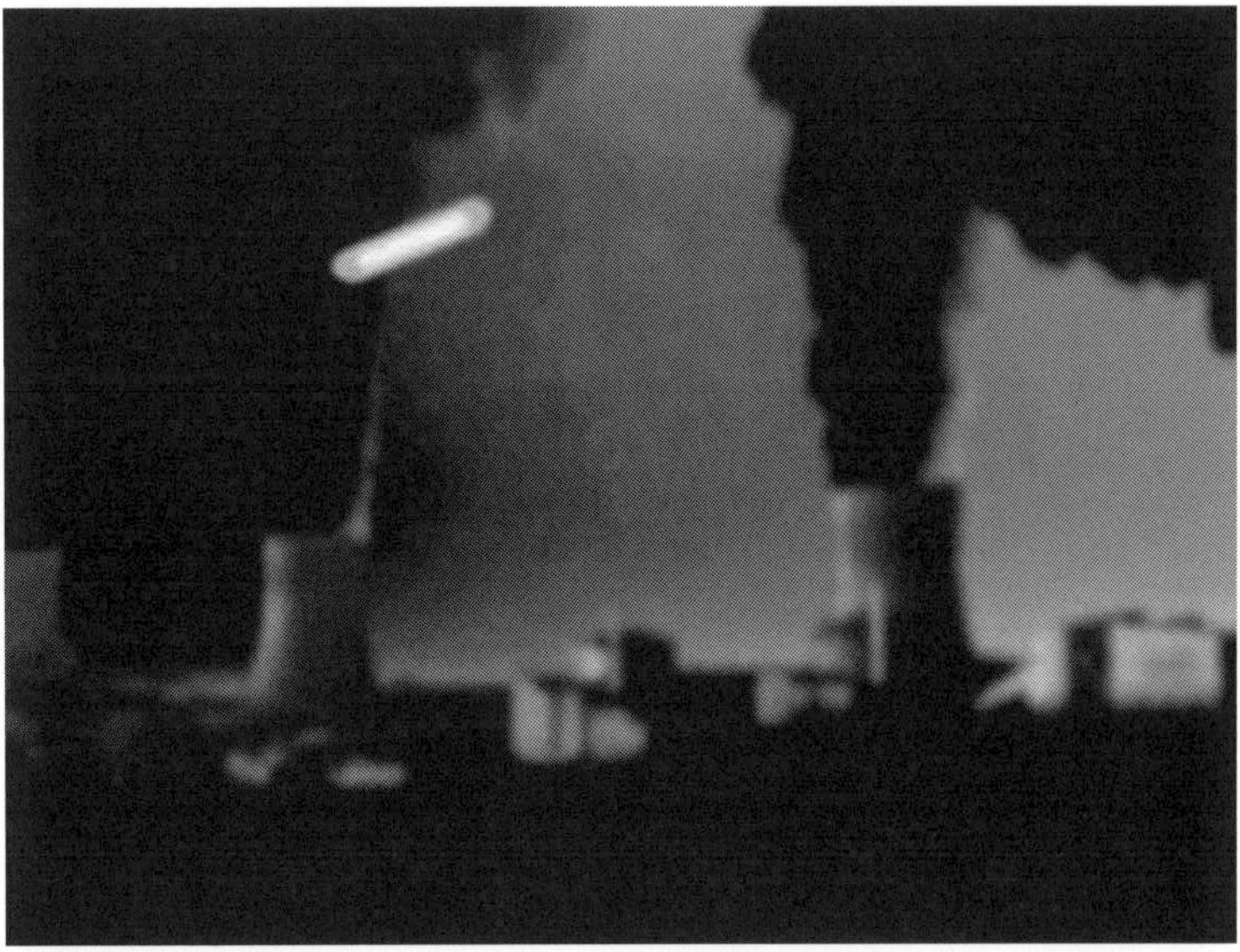

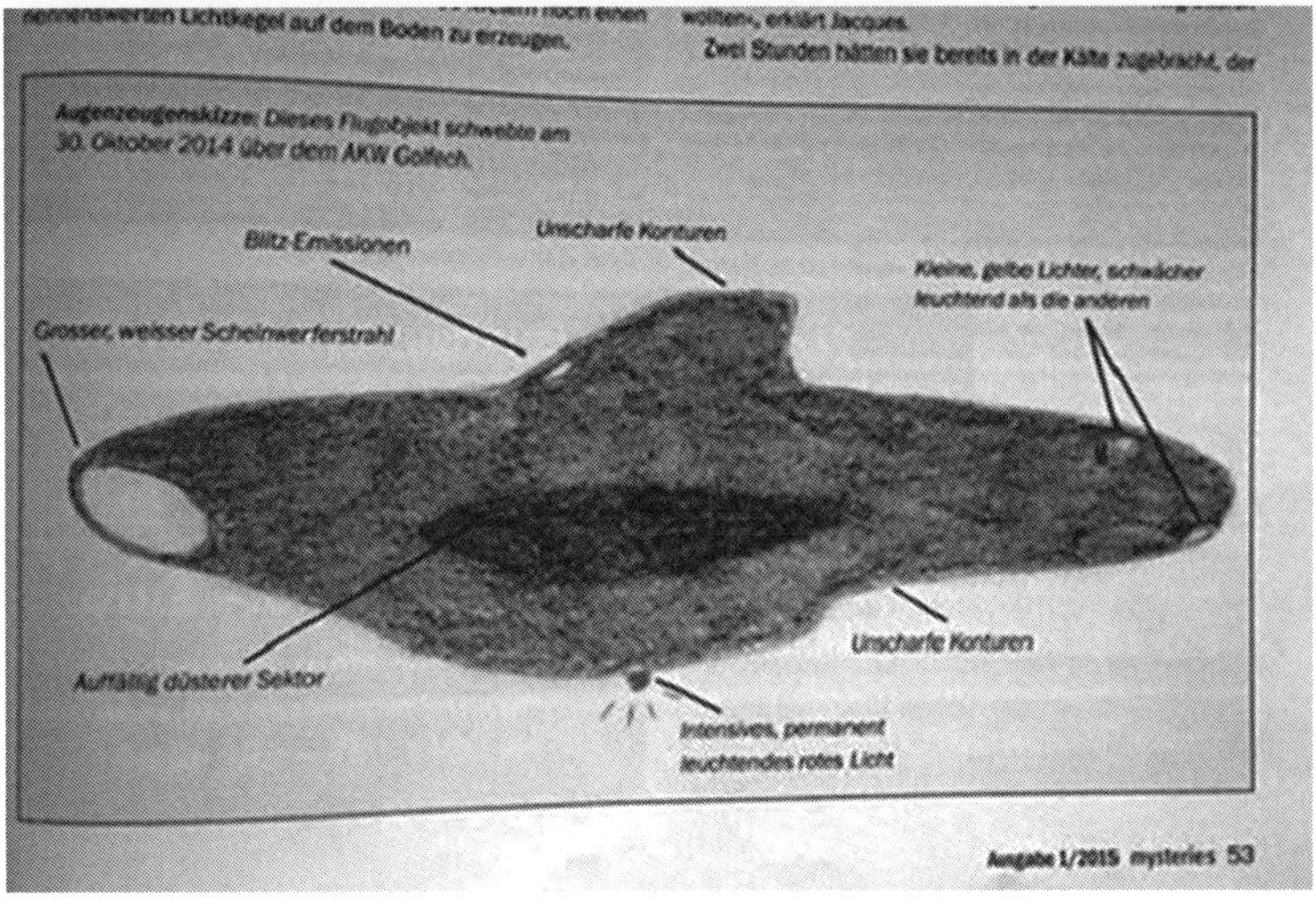

【上段】2014年11月10日にフランスのカットノン原発に出現したUFO。
警備員室上空で一時停止した後、飛び去っていったという。
【下段】ゴルフェッシュ原発に出現したUFOのスケッチ。

これら原発周辺に出現するUFOについて、UFO研究家スコット・ワーリングは、

「異星人たちが地球を訪れ、不測の事態に遭遇したときに母星に帰還するため、発電所からエネルギーを補給しようと目論んでいるのではないか？　それこそがUFOが、世界各地の核施設に飛来している理由ではないだろうか？　この事実には、アメリカ軍の高位の将軍も関心を抱いている。権威筋はまだこの件について明らかにしていないだけだ」

と指摘している。

続く11月8日には、アメリカ、アーカンソー州ラシャンビルにある「ニュークリアワン原子力発電所」の上空に、明るくまばゆいばかりの光線を放つ、目撃者いわく〝プラットフォームのような形をしたUFO〟が出現した。

目撃した人物によれば、UFOが出現したのは同日午前1時すぎのこと。自宅近郊にある原発の核融合炉の上空に、赤、白、青、そして黄色やオレンジなど、さまざまな色の光を放ちながら滞空していたという。その後、2時間にわたる滞空を終え、午前3時すぎに突如として動きはじめたという。

「UFOは色とりどりの光を放ちながら上昇し、自宅の上を越えて3分とたたないうちに視界から完全に消えた。UFOが無音で頭上を通過したとき、静電気に触れたときのようなピリッとした痛痒感があった。あれはUFOから放たれた電磁波だったのかもしれない」

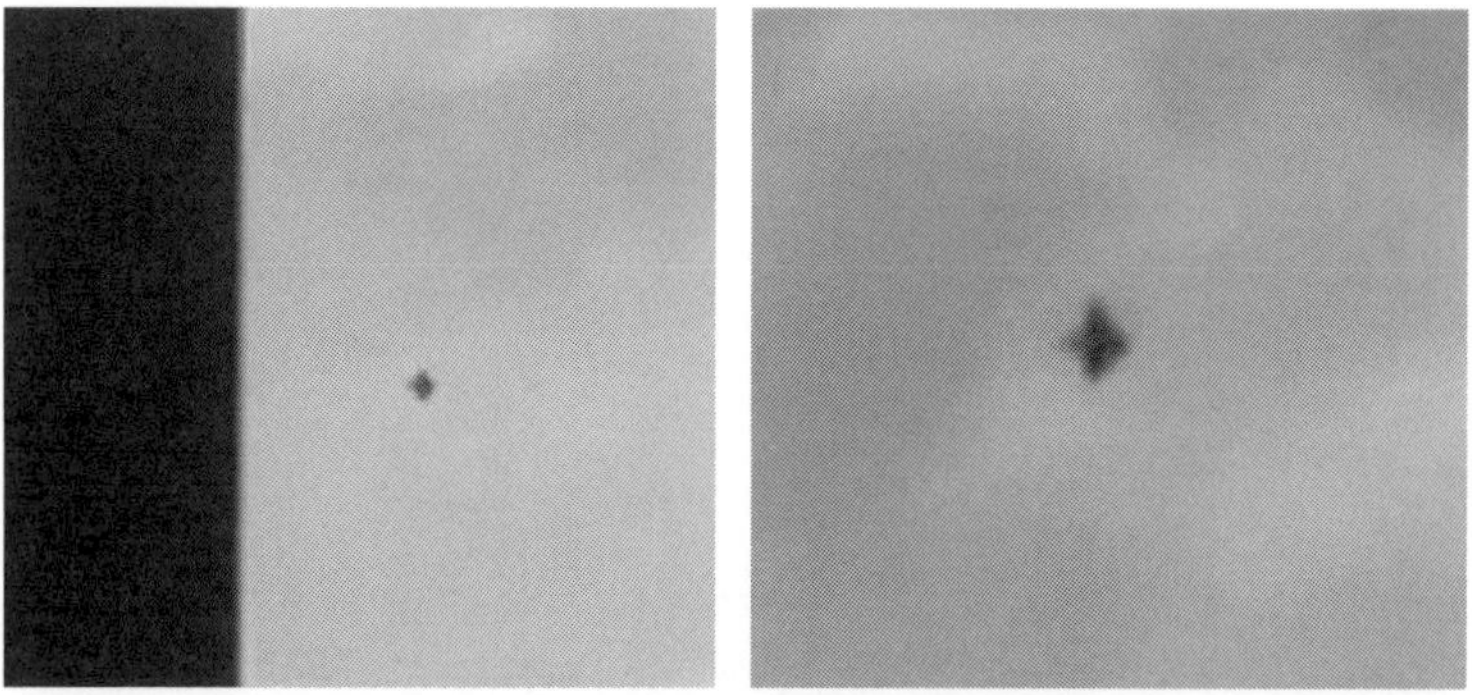

【上段】2014年11月5日、メキシコのラグナ・ヴェルデ原発に出現したUFO。
右の拡大画像を見ると、十字のような形状であることがわかる。
【下段】ラグナ・ヴェルデ原子力発電所。上のUFOは
2013年3月30日にも出現しているという。

この目撃者は、別の日にも同様のＵＦＯが原発の上空に出現し、目視で追尾したことがあると語っている。

ちなみに、ニュークリアワン原発は、ふたつのユニットから成る水力利用の原子炉だが、２０１３年３月31日と12月９日に、死者が出る爆発事故を起こしている。

さて、ここまで世界各地の原発上空や近郊に出現した事例を見てきたが、それにしても、〝なぜ、ＵＦＯが原発の上空で滞空〟するのだろうか？　たとえば、ワーリングの仮説のように、燃料補給をしようとしているのか？　あるいはまた、偵察もしくは監視、さらには攻撃計画を練っているとでもいうのか？

疑問は尽きない。

実はこれとよく似た事例が他にもある。20世紀半ばから、ＵＦＯが世界中の〝ある施設〟に頻繁に現れているのだ。

〝ある施設〟とは？

そう、その施設とは、核ミサイルを保有する軍事基地である。

原発と核ミサイルを保有する軍事基地――このふたつに共通するキーワードは「核エネルギー」に他ならない。だとすれば、ＵＦＯは人類が有する核エネルギーに対し、何らかのアプローチを行っている可能性がある。

実際、そうとしか考えられない事実がある！

「UFO」と「核」——。

これから、このふたつのキーワードの謎めいた因縁を探りながら、UFOの真の目的を迫っていく。そのために、まずはUFOの出現が頻発するようになった1940年代まで、時代を遡らなくてはならない。

古代神話の飛行物体と原子力時代のUFO

人類が有するエネルギー源の中で、最も危険な存在である核エネルギー。それを管理下におく原発施設近傍に、UFOが出現を繰り返している……。とはいえ、これまでの事例ではUFOが攻撃的な姿勢を見せたことはない。同様に、エネルギーや物資の奪取のために飛来した可能性も低いだろう。

だとすれば、いったい何が目的なのか？

その答えとして注目されるのが、核施設の監視である。すでに触れているが、核施設とUFOの奇妙な関係は、20世紀半ばから始まっている。

さらにいえば、近現代のUFO頻発のきっかけは核が作ったと考えられるほど、その因縁は深いのだ。

世界中の神話や伝説をひもとけば、太古の時代から、宇宙船に乗った異星人が飛来していた事実をいたるところで発見できる。

『旧約聖書』の「エゼキエル書」で語られる「神の戦車メルカバ――(神の玉座とも)」をはじめ、エジプトには無音で空を飛ぶ火の車の記録が残り、メキシコ、マヤ文明では〝翼あるヘビ〟と描写される蛇神ククルカーンが伝えられている。

シュメール、ペルシア、インド、中国――世界の古代神話で、さまざまな〝未確認飛行物体〟とおぼしき記録や歴史遺物が残されているのだ。

そうした未知なる存在を、地球外の知的生物が操るUFOとして広く知らしめたのは、本書でも触れているが、1947年のケネス・アーノルド事件であることは周知のとおりだ。しかし、〝未確認飛行物体＝UFO〟という言葉が誕生する前から。アメリカやドイツ、そしてこの日本でもその存在は知られていた。

しかもアメリカでは、〝注視すべき存在〟として認識していた。その背景には、UFOの名を得る前、1940年代前半からその出現が急速に増加したという事実が潜んでいる。そしてそこにも、核との関連性が見え隠れしているのだ。

預言者エゼキエルが見た「神の戦車」メルカバー。「神の玉座」とも呼ばれ、空から飛来した描写から異星人の乗り物＝UFO説がある。

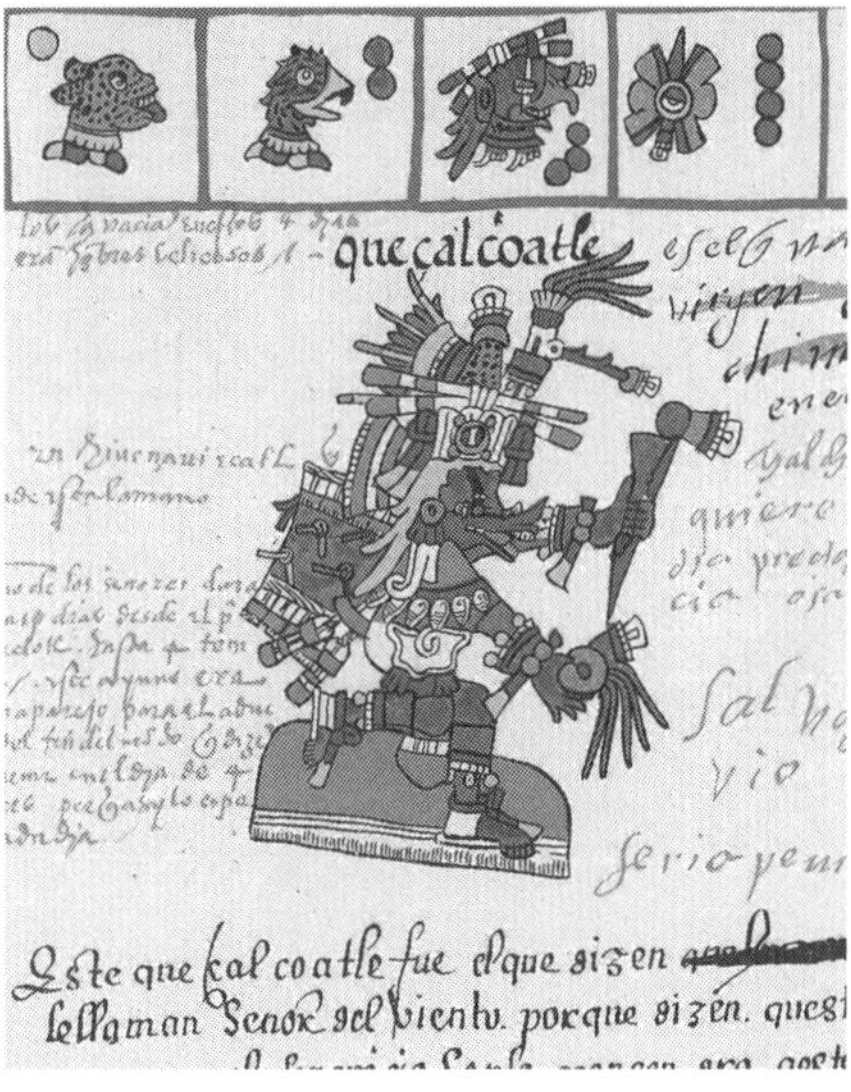

マヤ文明の蛇神ククルカーン。宇宙より飛来した異星人説が囁かれている。

核先進国アメリカを襲うUFO

第2次世界大戦のさなか、アメリカ全土を震撼させる事件が起きた。1942年2月26日午前2時15分、ロザンゼルスの194キロ沖合上空を飛行する未確認物体をレーダーが捕捉した。そして、その1時間後に当該物体が海上からロザンゼルス上空に侵入したのだ。

当時のアメリカは、3か月前に日本軍によるハワイの真珠湾攻撃を受け、2日前にも日本海軍の潜水艦による本土砲撃を受けたばかりだった。市内には空襲を知らせるサイレンが鳴り響き、漆黒の夜空を無数のサーチライトが照らした。

はたしてそのサーチライトに浮かび上がったのは、15機の飛行物体であった。地上から見るかぎり、それらは光の球体のように見えていたという。当然ながら日本軍の奇襲が懸念され、すぐさま対空砲射が行われた。だが、1430発もの砲撃の中、飛行物体は1機も撃墜されることなく、忽然と姿を消したのだ。

当時はUFOおよび地球外知的生命体が存在するという概念がなかった。このため、大統領には、その正体が日本かドイツ、いずれかの敵性飛行機による一種の陽動作戦だと報告されている。

つまり、軍はその正体を特定することはできなかったのだ。

もちろん何らかの誤認、あるいは戦時下による一種の集団パニック現象である可能性も考えられる。だが、それを否定するように同年10月29日、UFOはアメリカ政府の中枢機関のひとつであるペンタゴン上空に現れているのだ。このときも日本軍による空爆だとも考えられたが、黒い尾を引く謎めいた形状の物体は、日本はおろか世界中のどこにも見られなかったものだ。

同様の事件はアメリカだけではなく世界中で頻発していた。

1941年ごろから、戦場を監視するように飛び回る未確認飛行物体、あるいは奇怪な小型の球体が太平洋上、およびヨーロッパの上空で多くの兵士たちによって目撃されるようになっていた。これらは「フーファイター」と呼ばれ、その多くはUFO現象の一種に数えられている。

注目すべきは、フーファイターが原爆が投下された現場にもしばしば現れていることだ。

1945年6月6日、アメリカ軍の爆撃機「B－29エノラ・ゲイ」による原爆投下を受けた直後の広島に、青白い光球が出現した。さらに、ネバダ州で核実験が繰り返された1951年11月にはアメリカ全土で緑色の火球が目撃された。また、1952年11月1日、中部太平洋マーシャル諸島のエニウェトク環礁で実施された水爆実験、1954年3月1日、同じくビキニ環礁での核実験の現場にも、それらは出現している。

とりわけ無気味なのが、これらの事件と時を同じくして、アメリカの核施設にもUFOの目撃事件が相次いで起きている、という事実である。

たとえば、1942年10月に承認された原子力爆弾開発計画「マンハッタン・プロジェクト」の主要施設であるテネシー州オークリッジ核施設では、1940〜1950年代に、UFOの出没が頻発している。

一例を上げれば、1950年10月12日にUFO出現事件が起きている。少なくとも11機の飛行物体が空軍のレーダーに捕捉され、オークリッジの北端に設置された管理区域の上空に侵入したのだ。このとき、戦闘機F－82ツインマスタングが緊急発進したが、迎撃はおろかレーダーで物体を捉えることもできなかったという。

なお、この3か月前には、ワシントン州ハンフォールドの核エネルギー施設でも丸い物体が上空に出没し、その記録は政府文書にも残されている。

1940年代に幕を開けた核兵器と空飛ぶ円盤の時代

こうした目撃例があまりにも多いため、FBIと軍部をはじめとする各政府機関が現象の究明に乗り出したことがある。複数の対空部隊に対して事情説明が行われ、既述のように戦闘機の緊急発

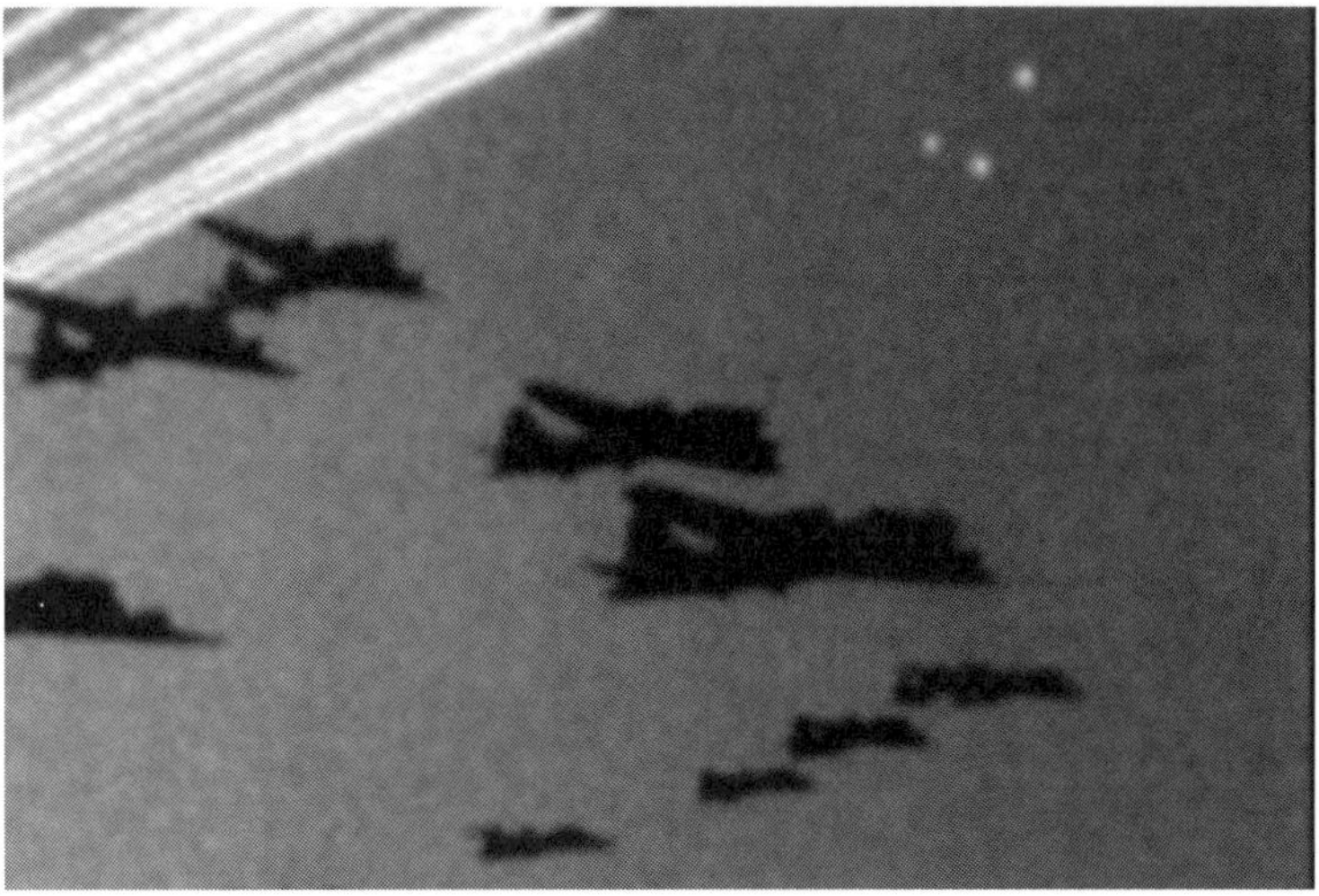

【上段】ネバダ州の核実験。1951年11月にアメリカ全土で謎の緑色火球が目撃された。
【下段】第2次世界大戦中に多くの戦闘機パイロットに目撃されたフーファイター。
原爆が投下された場所での目撃報告もある。

進も実行されたが、具体的な情報は何も得られず、関係者の間に困惑と恐怖が残るだけの結果に終わった。未知の物体が現れ、目的を達成し、何の邪魔もされないまま飛び去ったのだ。それに対し、政府機関や軍部は何もできなかった。そして、事態はさらにエスカレートしていくことになるのだ。

だが、そもそもなぜ1949年代から、急速にUFO事件が増加したのだろうか？

筆者は、それが核と関係があると考えている。アメリカをはじめ、ドイツ、ソ連、イギリス、フランス、そして日本が原子爆弾の研究に着手したのは、いずれも第2次世界大戦下である。最初に実用化に成功したアメリカ政府が開発を正式に承認したのは、1942年のマンハッタン・プロジェクトだ。

もしかしたら、同年10月29日にペンタゴン上空に現れたUFOは、原爆の研究を加速させるアメリカに、何らかの警告を与えるために現れたのかもしれない。そして、その後に、戦場や核施設に現れたUFOは、その警告に耳を傾けることなく核を運用する人類を監視しているのではないか。戦後、UFOの出現が急激に増え、監視が強化されたのは、広島と長崎で人類が犯した〝大罪〟が引き金になったとは考えられないだろうか。

もちろん単なる偶然かもしれない。だが、核実験場や核施設で頻発するUFO出現の実例を見れば、この仮説が必ずしも絵空事でないことがおのずと理解できるはずだ。

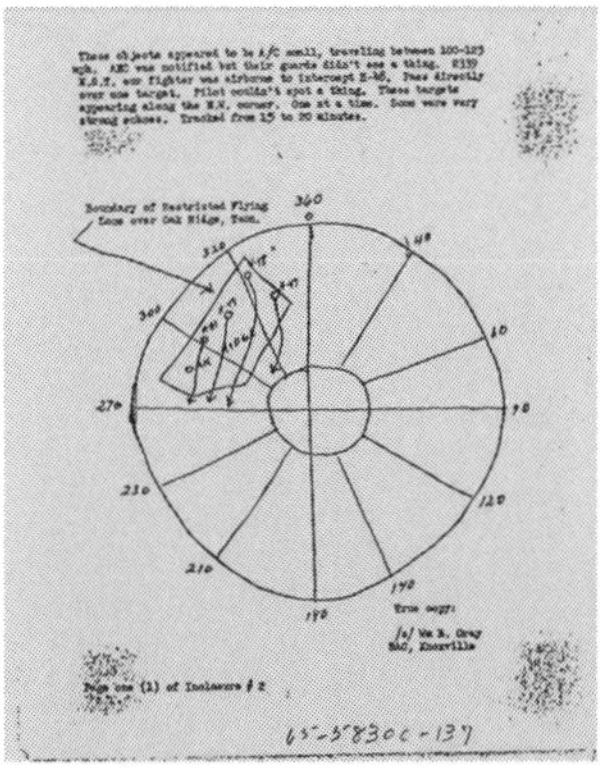
These objects appeared to be A/C small, traveling between 100-125 mph. AEC was notified but their guards didn't see a thing. 2139 E.S.T. our fighter was airborne to intercept E-35. Pass directly over one target. Pilot couldn't spot a thing. These targets appearing along the N.W. corner. One at a time. Some were very strong echoes. Tracked from 15 to 20 minutes.

True copy:
/s/ Wm B. Gray
SAC, Knoxville

Page one (1) of Inclosure # 2

65-58300-137

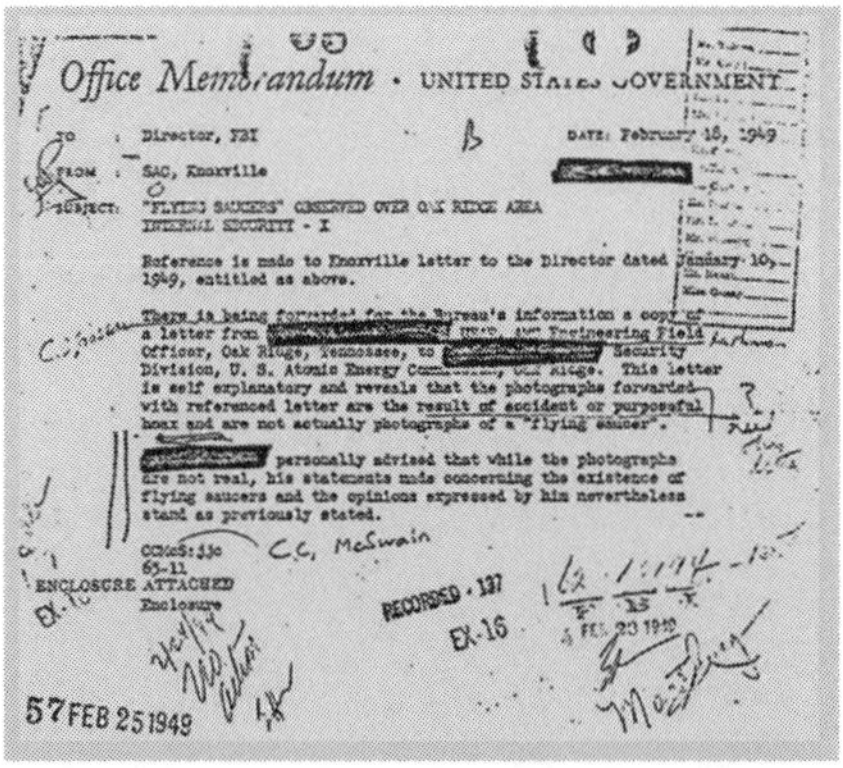
Office Memorandum • UNITED STATES GOVERNMENT

TO : Director, FBI
DATE: February 18, 1949
FROM : SAC, Knoxville [redacted]
SUBJECT: "FLYING SAUCERS" OBSERVED OVER OAK RIDGE AREA
INTERNAL SECURITY - X

Reference is made to Knoxville letter to the Director dated January 10, 1949, entitled as above.

There is being forwarded for the Bureau's information a copy of a letter from [redacted], AEC Engineering Field Officer, Oak Ridge, Tennessee, to [redacted] Security Division, U. S. Atomic Energy Commission, Oak Ridge. This letter is self explanatory and reveals that the photographs forwarded with referenced letter are the result of accident or purposeful hoax and are not actually photographs of a "flying saucer".

[redacted] personally advised that while the photographs are not real, his statements made concerning the existence of flying saucers and the opinions expressed by him nevertheless stand as previously stated.

C.C. McSwain

CCMcS:jjc
65-11
ENCLOSURE ATTACHED
Enclosure

RECORDED • 137
EX-16
FEB 23 1949
57 FEB 25 1949

【上段】1949年2月18日付のFBIのメモ。オークリッジ核施設上空に出現したUFOについて記されている。左は出現したUFOのレーダー画面の形跡。
【下段】オークリッジの核施設。

統計が証明！核施設はＵＦＯを呼び寄せる

実はＵＦＯが核施設に対して高い興味を示す、という事実を証明する統計的証拠が存在する。アメリカ、ニューハンプシャー州ボウにあるサン・リバー研究所のドナルド・ジョンソン博士が「ＵＦＯＣＡＴ２００２」のデータベースを使って、第２次世界大戦以降に蓄積されてきたＵＦＯ目撃事例の物証に対する分析を試みているのだ。そして、その結果は驚くべき事実を示していた。

この分析では、核施設があるアメリカの１６４の郡との比較検討が行われている。ちなみに、ここでいう核施設とは、核物質の製造および保管施設、そして核兵器が配備されている軍事基地や商業用・研究用の原子力発電所も含まれる。バーモント州ウィンダム郡のバーモント・ヤンキーのようにごく小規模の民間原子力発電所から、コロラド州ジェファーソン郡のロッキー・フラッツのような大規模施設、また原子力潜水艦の基地であるワシントン州キトサップ郡のバンゴール海軍基地まで網羅されているのだ。

人口が5万～10万１０００人程度の郡で比較すると、核施設が存在する郡ではＵＦＯの目撃事件が１００人あたり37・03となり、この数字は核施設が存在しない郡と比較して２・61倍も高い。全体で比較しても、核施設が存在する郡におけるＵＦＯ目撃件数は13・84件だが、核施設がない郡では9・59件となっている。

つまり、核施設がある郡では核施設がない郡に比べ、目撃事件の発生の確率が1・44倍高いということになる。接近遭遇事例の報告は、核施設がある郡で10万人当たり2・59件だが、核施設がない郡では10万人当たり1・79件という数字が出ている。1・44倍の危険度である。

それればかりではない。核施設がある郡のうち92の郡では、4件以上の接近遭遇事例が報告されているのだ。これは、ＵＦＯ目撃多発地帯という表現があてはまるレベルである。これに対し、核施設がない郡の中でＵＦＯ多発地帯と呼べるのは70郡にとどまった。

また核施設がある郡のＵＦＯ目撃事例は、核施設がない郡と比較して３０５１件も多い。接近遭遇事例に関していいえ

ニューハンプシャー州サン・リバー研究所に勤めるドナルド・ジョンソン博士。「UFOCAT2002」というデータベースを使用し、UFO事例で確認された物証についての分析を行っている。

ば、平均目撃数とされる数値との差はプラス568件にもなるのだ。

核関連施設がUFOを引き寄せるのではないかという疑問に対する答えは、これらのデータを見ればおのずと決まる。「イエス」だ。

これに対して、それぞれの地域の教育水準の差によるものだとする説もあったが、当然ながら相互を関連づける根拠は何もない。やはり目撃件数の差を検証することが重要だろう。

いずれにしても人口および地域差の照合を加えると、UFOの目撃事例が起きるのは核関連施設のある地域が圧倒的に多いのは事実だ。UFO現象の背後に存在する〝地球外知的生命体＝異星人〟の存在を考えれば、UFOの出没がその知性によって制御されたものと考えるのが妥当である。つまり、異星人が核施設がある地域を意図的に訪れていると結論できるのだ。

こうした事実に着目し、30年にわたり核兵器施設におけるUFOの目撃事例を追いつづけている人物がいる。それは、核とUFO研究の第一人者ロバート・ヘイスティングス博士である。

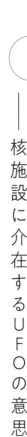

監視から実効的制圧へ――核施設に介在するUFOの意思

1945年、広島と長崎への原爆投下によって、第2次世界大戦は終結した。だが、その後、急速に悪化したアメリカとソ連の関係が、東西の対立構造を作り出し、世界情勢に緊張を生む。こうして始まった〝冷戦〟という名の第3次世界大戦が、各国の核武装化に拍車をかけたのだ。

そうした中で、〝核兵器先進国〟アメリカは自らの力を誇示すべく、地球上のさまざまな場所で核実験を繰り返した。それも地上だけではない。成層圏では2000回以上もの核爆発を人為的に起こし、放射能を宇宙に放出しているのだ。

それと時を同じくして、加速度的に進む核武装に対して警告を発するように、核施設へのUFOの出没が相次ぐようになったのは前に述べた通りである。

核とUFOの関連性について30年以上の研究を続けている
ロバート・ヘイスティング博士。

一般には広く知られていないが、UFOと核の関連について書かれた文書は決して少なくない。情報公開法のもと、空軍、FBI、そしてCIAの機密ファイルの内容が公表されるにつれ、アメリカ国内に点在する核兵器施設におけるUFOの活動パターンも明らかになりつつあるのだ。この種の記録には、古くは1948年12月に作成されたものもある。これらの事例について、実際にその場に立ち会った関係者にインタビューを行い、数多くの資料を獲得しているのがロバート・ヘイスティングス博士なのだ。

ヘイスティングス博士は1973年以来、30年以上にわたり、空軍関係者150人に対してインタビューを行っている。その対象となったのは、元軍人あるいは退役軍人という立場にあり、国家安全保障に関わるレベルでのUFO事例に直接的・間接的に関わってきた人々だ。しかも、事件発生当時は核ミサイルの発射からターゲッティング、管理、そして保安部門を担当していた士官級の軍人ばかりである。

彼らが勤務していたのは、立ち入り制限基準がきわめて厳しい公的機関の管轄下にある核エネルギー研究所および軍事施設。そして、そこに所属するために高度な訓練を受け、極秘情報へのアクセスも許可されている科学者および軍人たちが目撃者であり、彼らが自身の体験を語っているのだ。

ヘイスティングス博士が取材した事例は、1948年から1991年の長期にわたる。

1948年12月（ニューメキシコ州ロス・アラモス国立研究所）、1950年12月（テネシー州オークリッジ国立研究所）。1952年7月（ワシントン州ハンフォード・サイト、サウスカロライナ州サバンナリバーAEC、ロス・アラモス国立研究所）。1965年8月（ワイオミング州ワーレン空軍基地、1967年3月（ノースダコタ州マイノット空軍基地、モンタナ州マルムストローム空軍基地、ロス・アラモス国立研究所）。1968年8月（サウスダコタ州エルスワース空軍基地）。1975年10〜11月（ノースダコタ州グランドフォークス空軍基地、マイノット空軍基地、マルムストローム空軍基地他）。1980年8月（ワーレン空軍基地、ニューメキシコ州カートランド空軍基地およびサンディア国立研究所）。1980年12月（イギリス、サフォーク州のベントウォーターズアメリカ空軍基地）、1991年10月（ウクライナ、チェルノブイリ原発およびロシア、アルハンゲリスクミサイル基地）。

さらに加えるなら、1975年10月〜11にかけてUFOに接近されたという、アメリカとソ連の冷戦時代に「B－52戦略核爆撃機」が所属していたミシガン州ワースミス空軍基地とメイン州ローリング空軍基地も含まれている。長期にわたる取材期間もさることながら、その行動範囲もアメリカを中心に、イギリスやロシアの核施設まで含まれているのだから驚きである。

なお、これらの一連の事件に関しては、一定の共通事例がある。

それは明るく巨大な光、あるいは正体不明の〝不思議なヘリコプター〟などが研究所や基地、核兵器格納施設、核ミサイルの上空に出現していることだ。そして、ほとんどの場合、周辺の空軍基地がそれを捕捉したうえで、迎撃機を緊急発進させ、上空の警備にあたらせているのだ。

これらの事例報告がすべてUFO現象であれば、その背景に存在する知的生命体が、核兵器および原子力に興味を抱いていることは、もはや疑いようもない。だが、ヘイスティングス博士が注目しているのは、その〝事実〟だけではない。目撃者たちの多くが、上空のUFOから核兵器保管庫や地下のミサイルサイロに向けて、光あるいは何らかのエネルギー波が照射されたという証言をしているのだ。この種の光あるいはビームは地下施設に向けられたこともあり、かなりの透過性を有するものだと考えられる。それだけで、UFOのテクノロジーがいかに高度なものであるか、容易に想像がつくだろう。

さらに驚くべきことに、これによって核兵器のテレメトリー（遠隔測定によって算出された数値）に変化が起き、管制機能が無力化するという現象まで頻発しているのだ。

ヘイスティングス博士はそこに着目した。そして、UFOは単に〝監視〟するだけにとどまらず、ある種の〝実力行使〟を行っていたと指摘しているのだ。

にわかには信じがたい話だが、これについて博士は、自ら獲得した目撃者の証言が事例証拠であることを認めながらも、その内容には自信を持っているようだ。証言者はアメリカ政府によって信任を得たうえで、大量破壊兵器の運用と保安を任された人物ばかりであろう。しかも、そのほとんどが実名で対応することを拒んでいないのだ。加えて、精神状態が安定していること、証言の内容が信頼できるものであることは、事前のチェックで徹底的に確認したという。

はたして彼らは、いかなる〝真実〟を語っているのか？　次に、その特徴的な数例のケースを見てみよう。

UFOによって無力化した核兵器

ヘイスティングス博士のインビューの中でも、元空軍大尉デビッド・シンデレ（2010年にインタビュー）とデビッド・H・シュアー（2007年にインタビュー）らが語った事件は、きわめてショッキングで、彼は特筆すべき事例だと記している。

1963年12月から1967年11月にかけ、シンデレはマイノット空軍基地の第455／第91戦略ミサイル団の指揮官を務めた。一方のシュアーは「ミニットマンII型大陸間弾道ミサイル」チームの一員として所属していた。

事件が起きたのは1965年7月から1967年7月の間だ。「40年以上も前のことであり、記憶に不確かなところもあるが」と前置きしたうえで、彼らはその間に起きた事件の経緯を、次のように語っている。

「基地の東にあるアルファと呼ばれる発射管制カプセルの警備担当の兵士から、施設上空に巨大な光る物体が現れたという連絡が入った。何基かあるミサイルの間を飛んでいるというのだ。私たちがいたのはエコーという名の管制カプセルだったが、アルファから報告が入って数分後、警備担当兵士から明るく光る巨大な物体が見えるという報告が入った。

ＵＦＯという言葉を使っていたかは思い出せない。形状や高度については何もいっていなかった。かなり高いところを飛んでいたからだ。その後も物体が近づいてくることはなかったという。最も近づいた時点でも距離は４マイル（６・４キロ）ほどあったようだ。

ただ、施設の上空をその物体が通過したとき、装置が異常な数値を示した。物体がミサイルに対して何らかの〝シグナル〟を送っていたことは間違いない。数基のミサイルがスキャンされているような状況だった。

物体の動きは、異常な数値を見せるミサイルの位置関係から把握することができた。飛行経路は、ミサイル格納庫を順になぞっているような動きで、南東から北西にかけてすべての施設の上空を通過したようだ。この間にひとつひとつのミサイルがスキャンされているようだった。そして、施設内外のアラームがいっせいに鳴りはじめたが、ミサイルの発射準備が整いつつあることを示す数値が現れはじめたので、これを解決することが先決だった。

しかし、発射準備過程が開始されて数分後、ＵＦＯは北西方向に去り、その後はすべて正常に戻った」

【上段右】マイノット空軍基地のミサイル団を指揮したデビッド・シンデレ。

【上段左】ノースダコタ州にあるマイノット空軍基地。

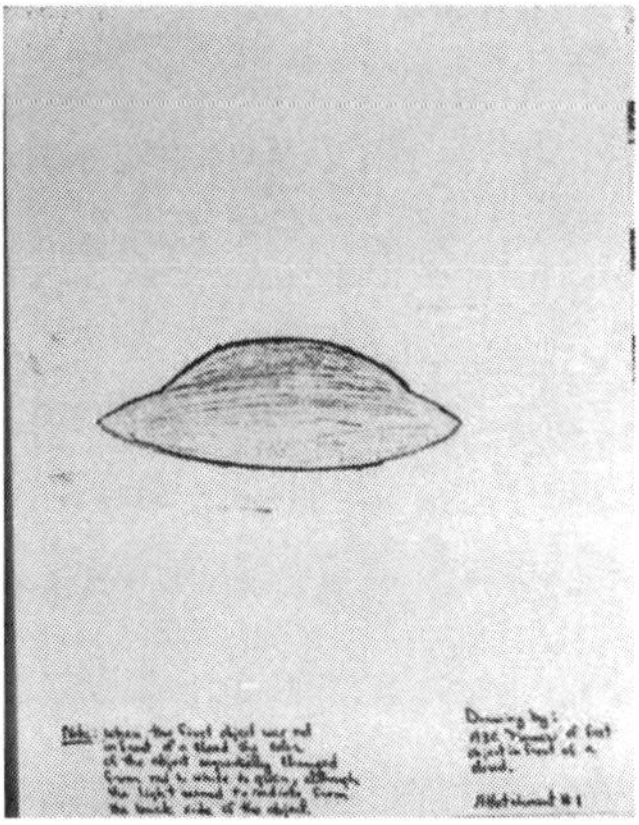

THE MINOT DAILY NEWS

Established 1884 ★ Minot, North Dakota, 58701, Tuesday, December 6, 1966 56 Pages Price 10 Cents

Minot Launch Control Center 'Saucer' Cited As One Indication Of Outer Space Visitors

【中段】基地に飛来したUFOのスケッチ。

UFOはミサイル格納庫を順になぞるように飛行していたという。

【下段】マイノット空軍基地での事件を報じたマイノット・デイリーニュース。

第3次世界大戦を回避させた地球外テクノロジー

実は同様の事件が、ソ連でも起きていた！

それは、1982年10月4日、ウクライナ（当時はソ連の一部）の某軍事基地で起きた。UFOが核ミサイル格納庫の上空で滞空しながら、強力な電磁波パルスのようなものを放射したのだ。そのため、コンピュータとセキュリティ・システムが無力化し、地下格納庫のコントロールパネルが発射準備完了のサインを示してしまった。ソ連では首都モスクワからの指令がない限り、ミサイルの発射準備が整うことはありえない。ちなみに、このときのことをミサイル師団に所属していたユーリー・ゾローキンは、「目の前で〝ひとりでに〟進んでいった」と表現している。

当然、すぐにモスクワと連絡がとられたが、いかなる発射も承認されていない。だが、その15秒後に、突如としてすべてが正常に戻ったという。

周知のとおり、核ミサイルを発射させるには、中枢機関の承認をはじめ複数のプロセスが必要であり、複雑な暗号コードも必要である。だが、UFOはミサイルをスキャンし、何らかの〝シグナル〟を送ることで遠隔操作することができるのだ。その操作には、発射状態にすることはもちろ

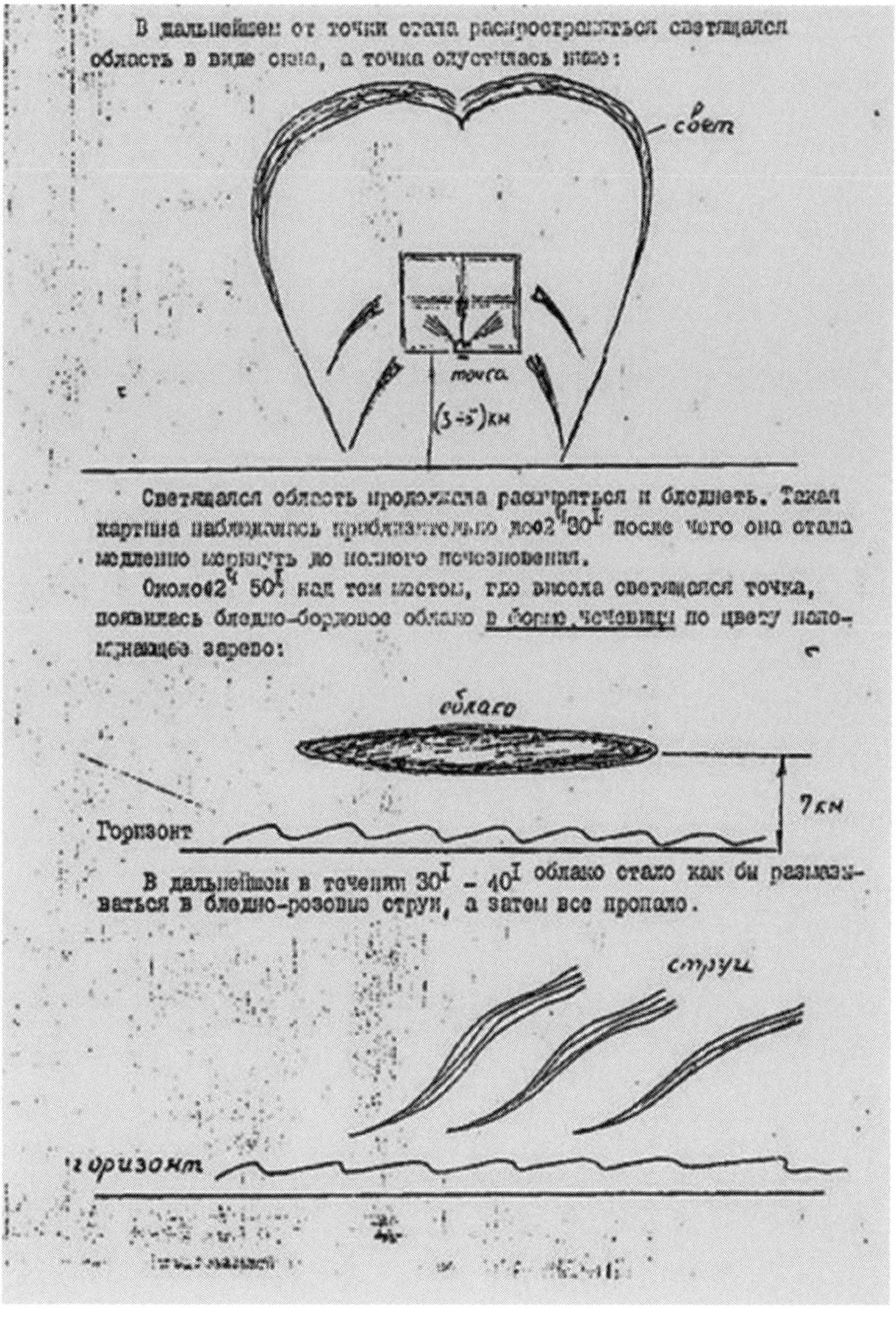

В дальнейшем от точки стала распространяться светящаяся область в виде окна, а точка опустилась ниже:

Светящаяся область продолжала расширяться и бледнеть. Такая картина наблюдалась приблизительно до $02^{Ч}30^{I}$ после чего она стала медленно меркнуть до полного исчезновения.

Около $02^{Ч}50^{I}$ над тем местом, где висела светящаяся точка, появилось бледно-бордовое облако в форме чечевицы по цвету напоминающее зарево:

В дальнейшем в течении 30^{I} – 40^{I} облако стало как бы размазываться в бледно-розовые струи, а затем все пропало.

1982年10月、ウクライナの軍事基地で起きた事件の報告書。

ん、墜落させることも含まれていると思われた。

また1964年、太平洋上空でアメリカ軍がミサイルテストを行ったときのこと。最高速1万マイルで飛行するダミーの核弾頭を積むミサイルに、UFOが並行飛行。弾頭に向かって光線を放射し、海洋上に墜落させるという事件も起こった。これは、映画フィルムにも撮られているという。

こうした事件が事実であれば、第3次世界大戦勃発の危機が現実に近づいた瞬間が、何度もあったともいえる。だが、それはUFOの操縦者自身によって回避された。それはつまり、人類を破滅に導くことが可能であるにもかかわらず、あえてしなかったということだ。だとすれば、〝彼ら〟はいったい何をしようとしたのだろうか？

これについて、ヘイスティングス博士は次のように考えている。

「私は〝地球への訪問者〟が、ミサイルを発射することを試みているとは思わない。むしろ、アメリカ人とロシア人のどちらかが、戦争時にミサイル発射を試みるならば、そのような未来に彼らが発射シーケンスを中断させることができるよう、エレクトロニクスがどのようにその条件を引き起こすかを学ぶために、一時的に発射準備状態を作り出していると考えている。

さらに、彼らが意図すれば、核弾頭ミサイルの機能をコントロールし、そしてそれらを発射不能にできるという事実を示そうとしているのかもしれない。つまり、アメリカとロシアの両国政府に、両国が核兵器を所有し、使用する脅威があることは『危険な火遊びをしているということなのだ』ということを伝えているのだ」

博士の推測が正しいとすれば、UFOには侵略の意志はない。だが、それでもアメリカ、そして、おそらくロシアもUFOの存在に脅威を感じた。いや、正確にいえば、厳重な核ミサイルの発射システムもいとも簡単にハッキングするテクノロジーに恐怖したはずだ。

冷戦から宇宙戦争時代へ EM効果と脱・核兵器の可能性

読者諸氏は、UFOが核ミサイルのシステムに与える効果について概観したとき、思い当たるふしがないだろうか？　筆者は、UFOが接近した際に発生する、突如として車のエンジンが止まる、テレビやラジオに不可解なノイズが入る——といった、UFOが出現したときにみられる物理的影響を連想せずにはいられない。

こうした電磁気的な現象を「EM効果」と呼ぶが、それは核ミサイルを無力化する効果にきわめて近いといえないだろうか？　実は、ヘイスティングス博士も同様の考えを持っているようだ。具体的なシステムについては〝想像を超えるもの〟としながらも、その〝効果〟は未知の発信源からの電磁波によるものだと語っている。

では、このテクノロジーをEM効果の一種と仮定してみよう。

核兵器を無力化、誤作動を起こす驚異のテクノロジーとしての〝EM効果〟である。

その効果は広範囲にわたり、あらゆる電子装置に多大な影響をおよぼす。電子装置に頼る多くの近代兵器は、これによって無力化してしまう。軍事力による世界の新秩序を構築しつつあったアメリカにとって、これほどの脅威はない。逆にいえば、この技術を獲得すれば、その脅威から解放されるだろう。そればかりか、UFOに対抗することさえできるかもしれない。同時にそれは、ロシアをはじめとする他の核兵器保有国にもいえることだ。

当然、この事実にアメリカが気づかないわけがない。かくして、アメリカはあらゆる手段を講じて事件を隠蔽し、同時にその技術の研究を秘密裏に進めた。そしておそらく、それに近いシステムの構築に成功しているのだ。

その兆しは1940年代末にはみられるが、明確な〝成果〟として現れたのは1970年代だ。当時は、コンピュータ技術を含めたさまざまなテクノロジーが長足の進歩を遂げはじめた時代で、それとともにUFOテクノロジーの研究も急速に進化したのだ。

なお、EM効果に対抗しうるための研究、実験を通じて、アメリカは対EM効果の技術、あるいはEM効果と同等の〝攻撃力〟を獲得したといわれている。しかも、1989年のパナマ侵攻や1991年の湾岸戦争などで、すでに実戦投入したとも噂されている。

だが、この兵器の開発目的は、実は人類同士の戦争・破壊ではない。真のターゲットは、UFOとそれを駆る異星人だったのだ。それは、人類と異星人との間に対立構造があるということを意味する。こう聞くと、もはやSFの世界のありようにも思えるが、事実、この当時のアメリカは、UFOとの関係できわめて緊迫した状況下にあった可能性があるのだ。

レーガンが恐れた〝他惑星からの脅威〟

1986年5月、国防戦略フォーラムにおいて、当時のアメリカ大統領ロナルド・レーガンが衝撃的な発言をした。われわれ人類が「他の惑星からの脅威にさらされている」というのだ。そもそも、レーガンは1983年3月に、「21世紀に向かって宇宙に戦略防衛システムを構築する」と発表し、「SDI（戦略防衛構想＝通称スター・ウォーズ計画）」を進めていた。それはつまり、来たるべき宇宙戦争に備える、ということである。

だが、これはいったい何を意味するのか？

一国の長、それも世界有数の軍事大国アメリカの大統領が、公的な場所で行った発言である。だとすれば、この言葉が持つ意味は重い。それでも発言すべき必然性があったのだ。アメリカは〝他の惑星からの脅威〟にさらされており、戦火を開く可能性すらあったということだ。そして、それは同時にその準備をしている。あるいは、準備は整ったということを意味するのだ。

だが、この計画もまた、冷戦の終結とともに自然消滅に近い形で中止されている。表向きはソ連の解体によってその脅威が減少し、軍縮傾向に進んだことが理由とされている。もちろん、それもあるだろう。しかし、別の脅威がなくなったことも、その要因のひとつと考えられる。別の脅威、それはやはり〝他惑星＝異星人のＵＦＯ〟の脅威だろう。

おそらくＵＦＯとの間に生まれた緊張状態は、核開発を起点にして生まれたのだ。だからこそ、それがスタートした１９４０年代からＵＦＯの出没が急激に増え、原爆投下、開発競争、冷戦の時代を通じて、その介在レベルのステージも上がっていったのだ。レーガンのいう、他惑星からの脅威、すなわちＵＦＯとの緊張状態の元凶は冷戦にあり、その緊張が緩和されたがゆえに、ＵＦＯの介在レベルのステージも下がったのだ。

やはりＵＦＯの目的は核施設にあり、あくまでも地球への攻撃ではなく、監視や警告にあったのだ。だからこそ、ＥＭ効果というテクノロジーを有しながらも、ＵＦＯは人類に直接的な危害を加えることはしなかった。ＵＦＯを自在に操り、核兵器を任意で起動、無力化できるような技術力を持っていたにもかかわらず、それをしなかったのだ。

だが21世紀に入っても、アメリカを中心に人類の核兵器開発の終わりは見えてこない。それどこ

Rocky Mountain News, *Denver, Colorado, May 5, 1988*

Reagan muses on space threat

Invasion might spur world peace, he says in speech

CHICAGO (AP) — A day after the uproar about the use of astrology at the White House, President Reagan said yesterday he often wonders what would happen if the Earth were invaded by "a power from outer space."

Reagan made the comment during a question-and-answer session after a Chicago speech when someone asked what he

- Reagan lauds Soviet progress on rights/50
- Colorado bigwigs consult the stars/16-S
- Denverites just may become believers/16-S

felt was the most important need in international relations.

He spoke of the importance of frankness and for a desire for peaceful solutions, and he went on to say that there have been "about 114 wars" since World World II, including conflicts between smaller nations.

"But I've often wondered, what if all of us in the world discovered that we were threatened by an outer — a power from outer space, from another planet?" Reagan said.

"Wouldn't we all of a sudden find that we didn't have any differences between us at all, we were all human beings, citizens of the world, and wouldn't we come together to fight that particular threat?" the president said.

Continuing, Reagan said, "Well, in a way we have something of that kind today, mentioning nuclear power again. We now have a weapon that can destroy the world, and why don't we recognize that threat more clearly and then come together with one aim in mind, how safely, sanely and quickly can we rid the world of this threat to our civilization and our existence?"

"I've often wondered, what if all of us discovered we were threatened by a power from outer space?"

President Reagan

The comment drew applause from the members of the National Strategy Forum, a non-partisan group that specializes in foreign policy and national security issues.

A day earlier, White House spokesman Marlin Fitzwater acknowledged that first lady Nancy Reagan had consulted an astrologer about the president's travel and schedule.

Reagan said Tuesday he has never based any decision "in my mind" on astrological forecasts, but he avoided a question about astrological influence on his schedule.

The revelation that the Reagans follow astrology prompted taunts from Congress and harsh criticism from some scientists who consider astrology worthless.

【上段】SDI計画についての発言を報じる新聞記事。

【下段】国防戦略フォーラムについて宇宙からの脅威を説くドナルド・レーガン大統領。

ろか、いつ核戦争が起こってもおかしくない緊張状態が続いている。

そして近年、UFO＝UAPの監視・威嚇行為が報告されており、ペンタゴンにとって国防上の脅威となっている。事実、核兵器施設とUFO＝UAPに関して最近、元ペンタゴン捜査官がある警告を発している！

○アメリカの核戦略を無力化しているUFO＝UAP

AATIPの元責任者で、ペンタゴンの捜査官として活動してきたルイス・エリゾンド。彼が警告の主である。彼が、アメリカ政府のUFO関連情報に対する不透明な姿勢に関する懸念をあらわにしたのだ。エリゾンドばかりでなく元CIA長官、元国家情報長官、元上院多数党院内総務、さらには元ペンタゴンUFOプログラム付き天体物理学者といった面々も、彼に同調しているという。

無論、昨今話題になっているUAPに関しても、既述のようにさまざまな映像が公開される中、「まだ何か隠しているのではないか」という疑念も、メディアの間で高まっている。

2017年からペンタゴンの職員となっていた経歴を持つエリゾンドによれば、過去数年間にわたって最高警備体制を敷く軍関連施設の上空におけるUFOの出現が続いているという。とりわけ心配なのは、核関連施設上空に出現するケースだと指摘する。

エリゾンドはメディアに対し、次のように語っている。

「私はこれまで、数多くの驚くべきものを自分の目で見てきた。大部分は機密扱いの情報であり、ここで明らかにするわけにはいかない。しかし私は、過去にしっかり記録に残る形でこう述べたことがある。

UAPに関する20〜25分間のビデオが存在する。戦闘機のコックピットから15メートルしか離れていない場所を飛んでいた物体に関する記録もある。これは驚くべき事例だ。しかし私は詳細な情報を明らかにする立場にない。ただ、興味深い話をしてくれる人たちがいる。

私が一番気になっているのは、核関連施設に関わる事例だ。推進理論であれ兵器システムであれ、UAPと核関連テクノロジーの間には明らかなつながりが感じられる。正体不明の飛行物体によって、核兵器が機能停止に追い込まれた核関連施設があるという事実を知ったら、懸念が生まれるのは当然だ。

それはロシアや中国といった敵性国家が有するテクノロジーなのか？　もし彼ら＝UAPの操縦者がアメリカの核攻撃／防衛能力に何らかの影響を与えているなら、それは重要な懸念としかいいようがない。実際、そう捉えるべきだろう」

◯UAPはアメリカの核テクノロジーに強い興味を抱いている！

さらに詳しいコメントを求められたエリゾンドは、次のように答えた。

「UAPとアメリカの核関連テクノロジーに対する興味は、同じレベルで取り扱われるべき問題だと思う。こうした実情を示す証拠もある。UAPの背景にだれがいるのかはわからない。だが、アメリカの核テクノロジーに高い興味を抱いていることは間違いない。これは事実だ」

2020年に公開された、UFO調査を描いたドキュメンタリー映画『The Phenomenon（2020年）』の中でインタビューに答えた元上院民主党院内総務ハリー・リードも、同じような思いを明らかにしている。

その際、リードもまたUFO＝UAPがアメリカの核兵器関連施設の上空でしばしば目撃されていた事実について語っている。

「かつて核ミサイル発射という大統領命令が下っても、発射できない危機があった。今日でいうUAPがアメリカの領空を侵犯して悠々と飛行している。しかし、その正体はおろか、飛行原理も皆目見当がついていない。肝心の意図さえもだ。何ひとつわからなかったのだ」

彼は言葉を続けた。

「ニミッツ事件がUAP活動の第1波だったとすると、オマハ事件はその第2波と捉えることができるだろう。UAPが明らかに自らのハイテクノロジーを誇示し、威嚇行動をとっているのは間違いない。警戒しなくてはならないのが次の第3波だ。私はUAPが核兵器がらみで、何かを仕掛けてくることを懸念している」

リードはUAPの第3波発生を危惧し、警鐘を鳴らしているのだ。

今、ペンタゴンが恐れるUAPの核施設および核兵器の無力化

現在、台湾海峡においてアメリカと中国との緊張が高まっている。アメリカが憂慮しているのは、中国軍が台湾への侵攻を始めたとき、それを契機に核戦争が勃発することだ。

1979年9月22日、西インド洋のマダガスカル沖で、アメリカの核実験監視衛星ヴェラが核爆発の閃光を捉えた。核兵器を求める顧客のために、イスラエルが核実験を行ったのだ。核兵器を購入した顧客は南アフリカと台湾だった。台湾国防部は核武装について沈黙しているが、中国軍の侵攻を抑えきれなくなったとき、同国防部が核の先制攻撃に踏み切る危険があることを、ペンタゴン

は危惧しているのだ。

しかも1972年、アメリカと中国が国交を回復したとき、ソ連情報部「KGB（ソ連国家保安委員会）」と接触した台湾国防部は、中台戦争が始まったとき、ロシアは台湾の側につくという密約を交わしたと見られている。

今や台湾海峡は、アメリカ、ロシア、中国間の核戦争の危険が高い地域だ。そして、この地域に限らず核戦争の危険が高まっている地域は、ペンタゴン指揮下にあるUAPTFの監視対象になっているはず。なぜならUAPもまた、核戦争の勃発には敏感に反応するはずだからだ。UAPTFは1945年の最初の核実験を境に、UFO＝UAP目撃が急激に増加した歴史的な事実を熟知している。

UAPの操縦者――。彼らは人類が核戦争によって滅亡してしまうのを観察しているのか？　あるいは核戦争の危険性を警告することで、人類を彼らが必要とする方向に誘導しようとしているのか？

いや、そうではなさそうだ。

UAPTFは、UAPが人類の核エネルギー開発を監視していることを知っている。だが、その行動が監視から核兵器無力化に転じたとき、〝それ〟はペンタゴンにとって国防上の脅威以外の何ものでもなくなる。

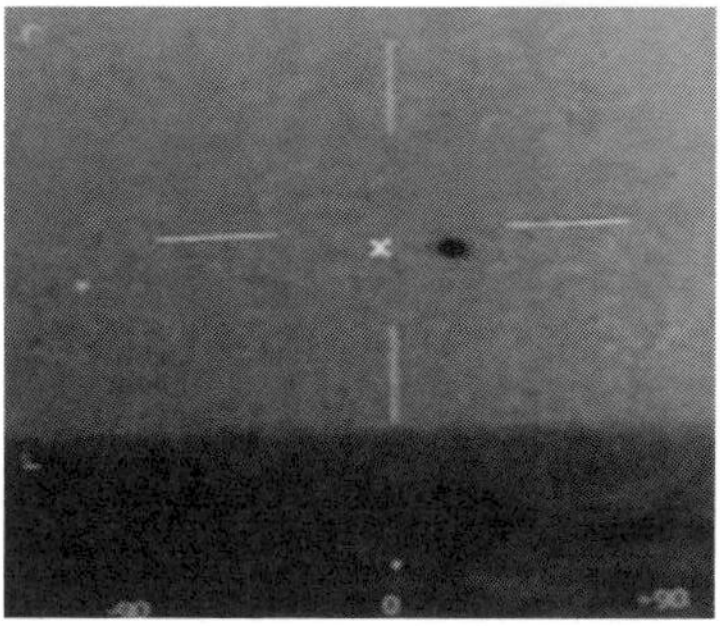

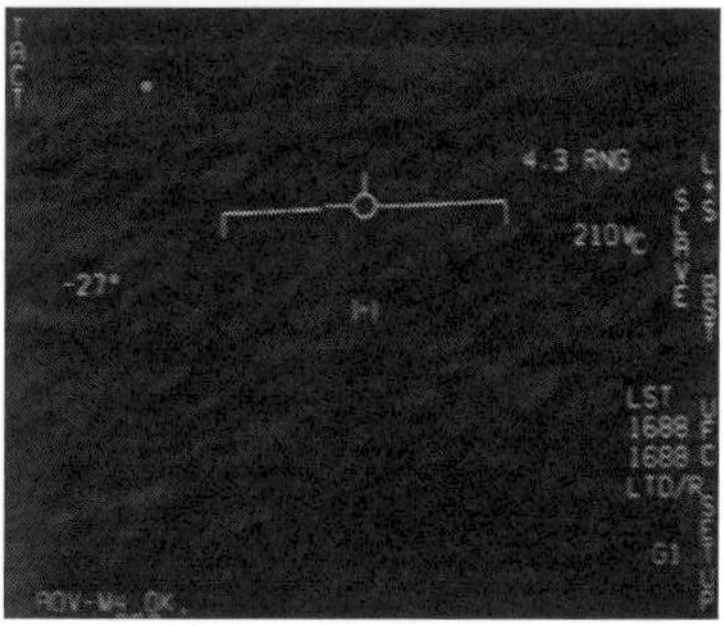

【上段】元上院民主党院内総務ハリー・リード。
ドキュメンタリー映画でUAPの脅威について語っている。
【下段】リードは、チックタックが第1波、
オマハの事例が第2波の威嚇行動であり、警戒が必要だという。

ペンタゴンが最も恐れているのは、ＵＡＰによるあからさまな「核戦略の無力化」だ。それを見計らったペンタゴンはＵＡＰを敵対的とみなし、ＵＡＰＴＦにそれに対する早急な対策を発令したという。

6章　アメリカのUFOとハイテク兵器化した「TR-3B」

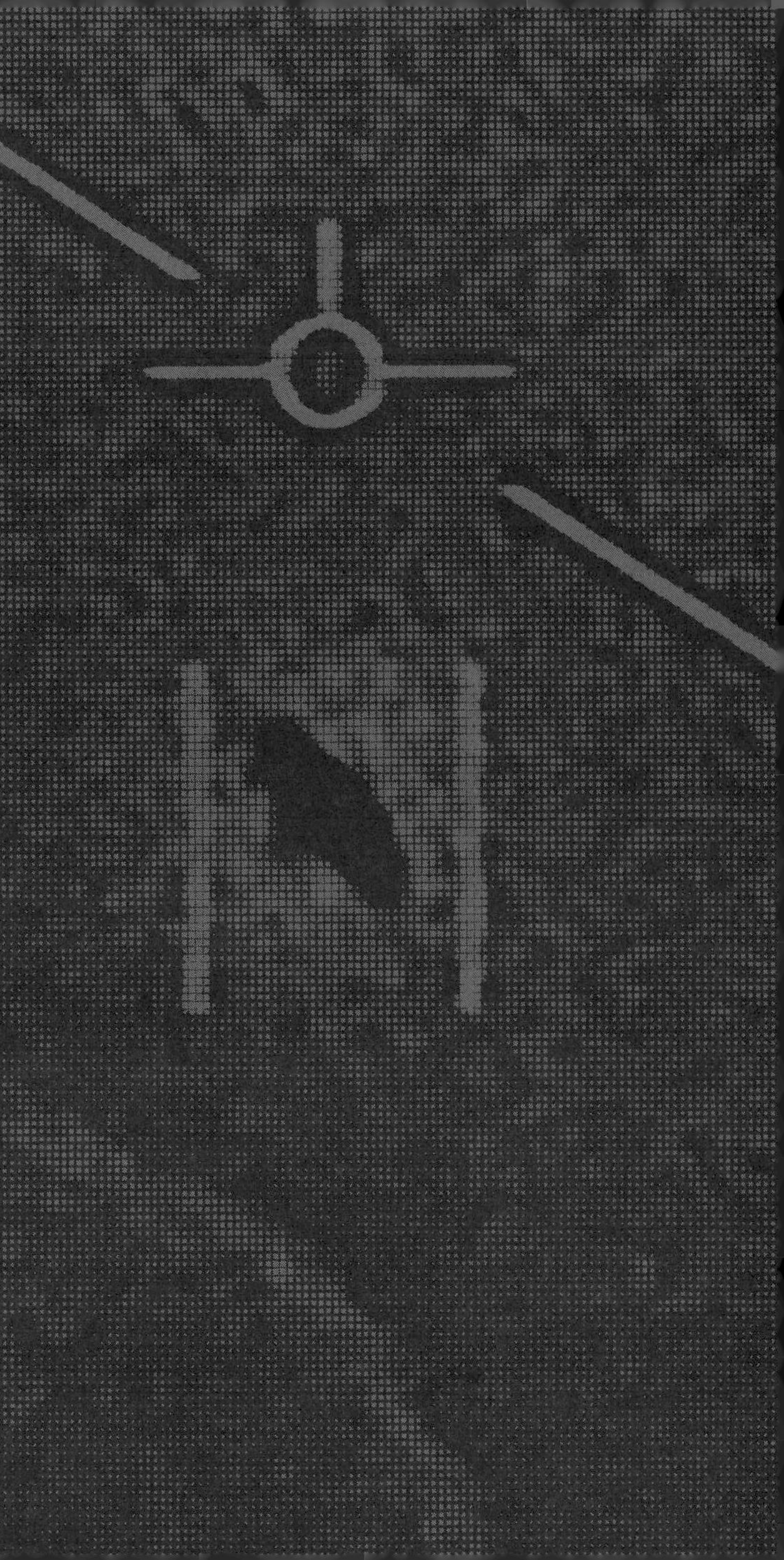

20世紀初頭から始まっていた
UFOとの冷戦

これまで、主に第2次世界大戦以降のUFOとの関わりについて述べてきた。だが実のところ、それ以前――たとえば20世紀初頭から、対UFOのショッキングな事件が、複数回にわたって、起きているのだ。

そのひとつに第1次世界大戦中に起こった、ドイツ人パイロットによるUFO撃墜事件がある。1917年3月31日、早朝のベルギー西部、フランスとの国境近く。2機のドイツ軍戦闘機が基地から飛び立った。

1機にはドイツ軍第11飛行隊所属のエースパイロット「レッド・バロン（赤い男爵＝機体を赤く塗っていたことからこう呼ばれた）」こと撃墜王マンフレート・フォン・リヒトホーフェン男爵が搭乗していた。もう1機もやはり名高いパイロット、ペーテル・ワイツリクが操縦桿を握り、2機は空中高く偵察飛行していた。

離陸から約1時間後、晴天の空に突然、巨大な円盤状の物体が現れた。機体の周縁部をオレンジ色に輝く線が取り巻いている。直径は約40メートル。見たこともない物体の出現にふたりは一瞬た

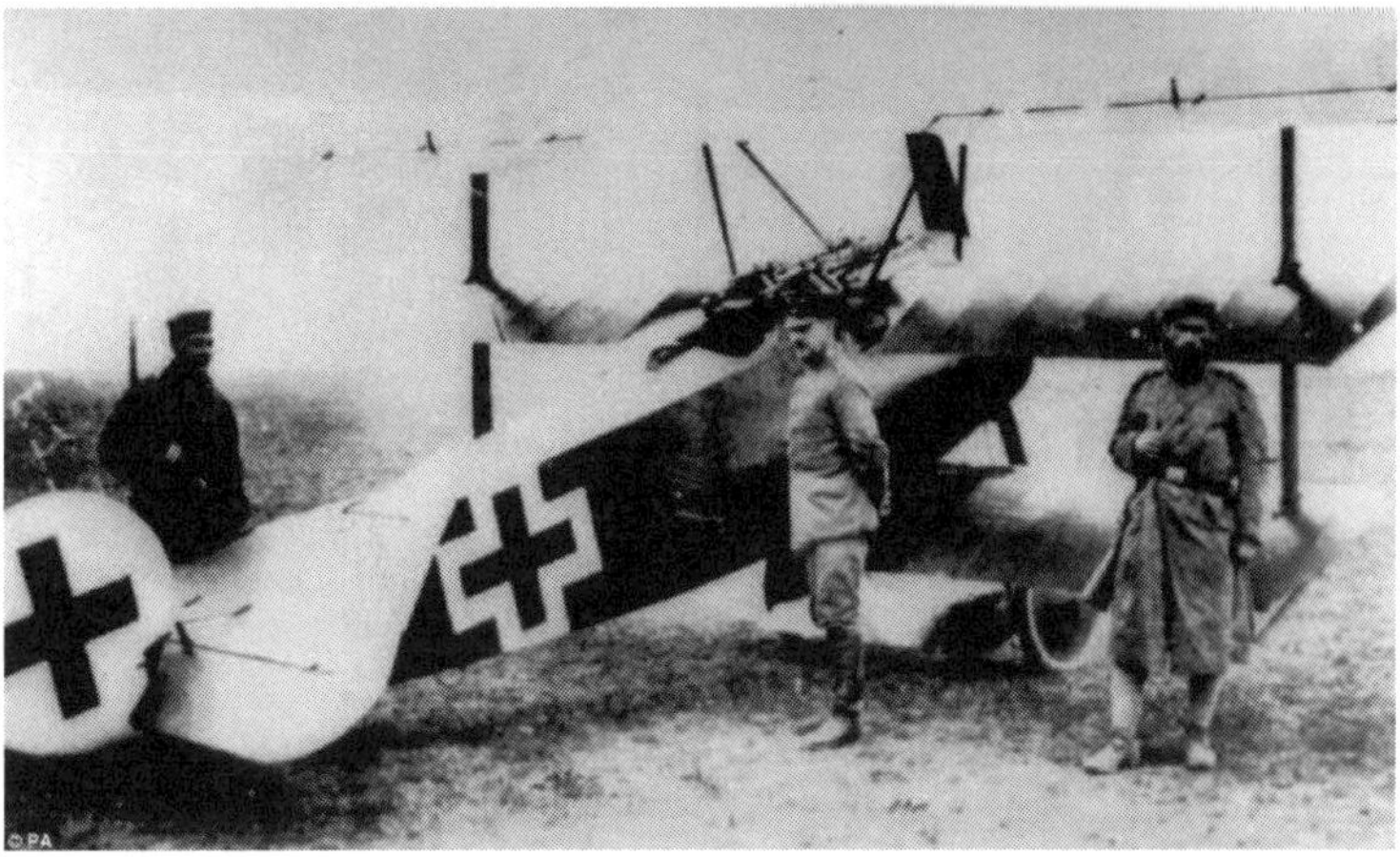

【上段左】ドイツ人パイロットのマンフレート・フォン・リヒトホーフェン男爵。
【上段右】同じくペーテル・ワイツリク。
【下段】ドイツ軍が所有する軍戦闘機レッドバロン。赤く塗られた機体からそう呼ばれた。

じろいだが、リヒトホーフェンは躊躇せず機銃を撃ちまくった。それが見事に命中する！　謎の飛行物体が木々を倒しながら墜落したのを確認後、２機が上空を旋回していると、中からふたりの乗組員が走り出てくるのが見えた。高度を下げてよく見ると、ふたりとも頭髪がなかった。基地に帰還後、リヒトホーフェンとワイツリクは事件の報告を行ったが、上官は「この事件については、今後いっさい他言無用」とクギをさした。

なお、リヒトホーフェンはこの事件の翌年の１９１８年、第１次世界大戦が終結する前に戦死している。

１９１８年に第１次世界大戦は終結。ワイツリクは戦後のあるとき、この撃墜事件に関して、重い口を初めて開いた。

「当時はアメリカが参戦したばかりだった。上空であれを見たとき、すぐにアメリカ軍の機体だと思い、反射的に攻撃した。今思い返すと、あの形は多くの人たちが目撃してきたＵＦＯと呼ばれるものにそっくりだった。リヒトホーフェンが撃墜したのは、決してアメリカ軍の偵察機ではない。他の星からやってきたものに違いない。中から出てきた人間？　あれはアメリカ人ではなかった！」

ワイツリクが語った体験談――。

つまり、約１０４年前のベルギー上空で、すでに〝リアル宇宙戦争〟の口火が切られていたことになる。

アメリカ東海岸で起こっていたUFO迎撃事件

次いで同年4月14日午前2時30分ごろ、アメリカ東海岸で最重要な軍事施設と評されていた、メイン州キタリーの「ポーツマス海軍造船所」で、奇妙な物体が目撃された。造船所の警備に当たっていたマサチューセッツ州兵第6師団L中隊の兵士たちが、緑色のライトをつけた円盤を目撃したのだ。

円盤はメイン州とニューハンプシャー州の境界を流れるピスカタクア川上空で、ひときわ明るく光った。奇妙なことに、飛行機なら爆音が聞こえるはずだが、物体は一定の速度で飛行しているものの、まったくの無音なのだ。

やがて物体が歩哨の立つ橋にさしかかったとき、兵士たちは反射的にスプリングフィールドM1903小銃を、物体めがけて発射した。すると光り輝く円盤は急加速し、無音のまま数秒で飛び去った。

事件の報告を受けたマサチューセッツ州兵上層部は、聞き取り調査から現場検証まで行ったが、「軍も民間も含め、アメリカの航空機ではないし、外国籍のものでもない」と結論づけた。

◯アメリカUFO事件史に残る「ロサンゼルスの戦い」

ところで、人類史上初めて、地球軍対UFO軍という対決が明確になった事件がある。第5章でも少し触れたが、かの「ロサンゼルスの戦い」だ。

1942年2月15日、午前3時を少し回ったころ、200万人のロサンゼルス市民はすさまじいサイレン音と、それに続く対空砲火の爆音で叩き起こされた。そして、ロサンゼルス中心部からメキシコ国境に至るまでの広大な地域で、灯火管制が実施される中、多くの市民が「すわ、日本軍の空襲か?」と、双眼鏡を手に自宅の窓際に集まった。

しかし、真珠湾攻撃のような惨状を覚悟していた彼らが目の当たりにしたのは、ロサンゼルス爆撃をめざした日本軍の航空機ではなかった。出現したのは、15機のUFO。その飛行物体に向けて発射される対空砲火により描き出された、その〝美しい光景〟は、まるで独立記念日の花火のようだったという。

当時の海軍長官フランク・ノックスは、翌日になってこの対空砲火が〝誤報〟のためだった、と発表。合衆国沿岸連合砲兵隊本部も同日、以下のような声明を出している。

【上段】 1942年2月15日、ロサンゼルス上空に出現した15機のUFO。
アメリカ軍が発射した無数の砲弾にビクともせず、悠然と飛行していったという。
【下段】 メイン州キタリーにあるポーツマス海軍造船所。
1918年4月14日に緑色のライトをつけたUFOが出現した。

「対空砲火のきっかけとなったのは、一部の兵士が気象観測用気球を日本軍の爆撃機と見間違えたことだった」

軍部がUFOと観測用気球を結び付けて押し切ろうとする伝統は、このときから始まったのかもしれない。

ところが、この公式発表とは異なり、陸軍西部防衛司令部からの情報では、沿岸で目撃された未確認飛行物体に対して、灯火管制と対空砲火を実施したとあった。〝誤報〟ではない、というわけである。

さらには、第14迎撃司令部に所属する複数のパイロットたちも同様の証言を行っている。パイロットたちは緊急発進までには至らなかったが、出撃準備を整えて機上で待機するよう命じられていた。理由は海岸地帯に出現した〝国籍不明の航空機〟を迎撃するためだったという。

なお、ノックス海軍長官は2種類の公式発表において〝集団ヒステリー〟という文言を用いたが、サンフランシスコのアメリカ陸軍司令部に詰めていた士官たちは、ロサンゼルス上空に現れたという未確認飛行物体について、何回も確認作業を行っている。

現場の意見は、第14迎撃司令部以外からも聞かれる。第37沿岸部砲兵旅団も対空砲火を行った事実を明らかにし、司令部はその際に標的を少なくとも2度にわたって目視確認したことを明言している。

この砲撃に参加した第657沿岸砲兵旅団および第205対空砲火連隊の司令官も、同様の公式見解を発表しているのだ。

ちなみに、同夜出現したUFOは、約1000発を超える対空砲火による高射砲弾にもビクともせず、悠々と飛び去ったという。

第2次世界大戦中に陸軍参謀総長を務めたジョージ・C・マーシャル将軍は、後になって次のように語った。

「ロサンゼルスの戦いについて、司令部は機密情報を得ている。それによれば、この夜現れた航空機は地球のものではなく、かなり高い確率で惑星間飛行が可能な機体だったと考えられる」

第1次世界大戦下のヨーロッパで、ドイツ軍のエースパイロットが空中で対峙した物体。同時代に、アメリカの弾薬庫とも形容すべき重要な施設が集中する地域に現れた飛行物体、そして第2次世界大戦中、アメリカ西海岸の主要都市であり、軍事拠点でもあったロサンゼルスの上空に現れた物体……。

それは、今も世界各地で目撃されつづけている〝未確認飛行物体＝UFO〟と同じなのではないだろうか？

ならば、地球軍対UFO軍という対決の長い歴史は、20世紀初頭から始まって今も続いていることになる。

○大規模な南極観測作戦「オペレーション・ハイジャンプ」

第2次世界大戦終結後の1946年から1947年にかけて、アメリカ海軍が中心となった「オペレーション・ハイジャンプ」という大規模な作戦が、南極で展開された。

これは、アメリカ海軍提督リチャード・E・バード少将が指揮をとり、アメリカ、イギリス、オーストラリ連合軍4700名の兵力を動員して行った大規模な南極観測だ。多くの船舶と航空機が投入された本作戦では、当地での恒久的な基地建設の検証をはじめとする、さまざまな環境調査、研究が行われた。そして、広範囲におよんだ作戦は成功・終了したと伝えられている。

だが、漏れ伝わる情報では、作戦の真の目的はもう一歩踏み込んだところにあった。それは、南極に「リトルアメリカⅣ」という観測基地を建設し、極寒の環境下における技術者の訓練と各種装置のテストの実施だったという。

同作戦の指揮を執っていたバード少将は、1947年3月5日、チリの新聞「エル・メルキュリオ」のインタビューに答え、意味深かつショッキングな警告を発している。

「北極あるいは南極からの敵対行動に対し、迅速に防御態勢を構築することがアメリカ合衆国の責

【上段】オペレーション・ハイジャンプの指揮を執ったリチャード・E・バード少将。
【下段】オペレーション・ハイジャンプの準備を進める軍関係者。
本作戦は南極の基地建設をはじめ環境調査などが目的だが、真の目的は別にあった。

務である。新たに戦争が起きれば、アメリカ合衆国は北極から南極まで驚異的なスピードで移動する飛行物体から攻撃を受ける可能性も否めない」

後に語り草となったこの有名なコメントが、当時の世界中の軍事関係者や多くの人々に衝撃を与えたのはいうまでもない。

帰国後もバード少将は「極地で発見したのは、アメリカ合衆国の国家安全保障に関わる可能性だ」と強調している。だが、首都ワシントンDCへ戻る前、バード少将は保安局により尋問を受けた。すると奇妙なことに、それ以降、彼が公式の場で「オペレーション・ハイジャンプ」という言葉を使うことはなくなったのだ。同時に、すべての資料が機密情報扱いとなり、関係者が言及することも不可能になっている。

南極UFOとの戦闘が勃発していた⁉

では当時、バード少将は南極でいったいどんな体験をしたのだろうか？　そのヒントとなるエピソードが、1975年にカナダから出版された書籍『UFOs:Nazi Secret Wepon（＝UFOはナチスの秘密兵器か？）』に載っている。事件の詳細は不明だが、ハイジャンプ作戦中、アメリカ軍の航空機がUFOと遭遇、撃墜されたというのだ。同じく、同作戦にまつわる奇妙な事件として、連合軍が「空飛ぶ円盤」の攻撃を受け、作戦が中止されたというエピソードもある。

もちろん事件が記録されているわけではなく、真相も定かではないが、バード少将がチリの新聞のインタビューで告げている「〝北極から南極まで恐るべきスピードで移動する飛行物体〟」の正体こそ、ハイジャンプ作戦中に出現し、自軍機を撃墜したUFOだったのではないだろうか？ もしかしたら、バード少将自らが目撃した可能性もある。

この「UFOとの戦闘事件」は、ハイジャンプ作戦についてまわる謎めいたエピソードの最たるものである。

さらに、オペレーション・ハイジャンプ開始から6か月後、アメリ以下南西部の砂漠地帯で歴史的な事件が起きた！ 本書でも触れてきたが、それが今なお論争が止むことなく続き、語り継がれる「ロズウェル事件」だ。

◯アメリカの対UFO戦術の結果、ロズウェル事件は起こった!!

UFOが問題視されはじめたのは、第2次世界大戦が終結した直後だったが、47代アメリカ合衆国海軍長官を経て初代アメリカ合衆国国防長官となったジェームズ・ヴィンセント・フォレスタルは、UFOがアメリカの国家安全保障上の脅威となることを懸念し、行動を開始した。

彼は地球外から飛来する物体への対策として、ニューメキシコ州アラモゴード爆撃・砲術訓練場に新たなレーダー装置を設置した。1945年に史上初の核実験「トリニティ実験」が行われたこの施設は、後の時代になって拡張され、やがてホワイトサンズ・ミサイル実験場となる。そして、ここから東に約66キロ離れた同州ロズウェルには、アメリカ唯一の原爆保有部隊である第509作戦軍が駐屯する陸軍航空隊基地があった。

この通称ロズウェル基地では、核兵器の貯蔵場所として機能すると同時に、核兵器搭載の爆撃機が世界中どこにでも出撃できる態勢が整えられていた。また、同基地に強力なレーダー装置が設置された理由は、軍および研究施設を守るためだった。1947年夏、ロズウェルから北東に480キロ離れたエル・バド・レイクにも通称「エル・バド・レイクレーダー基地」と呼ばれる施設が設置された。

フォレスタル国防長官の計画は、地球外から飛来している可能性が高い正体不明の物体を、こうした強力なレーダー網に誘い込むことにあった。つまり、低空を低速度で飛ぶ物体に対して高密度のレーダー波を照射すれば、内部が電子レンジのような状態になる。温度はセ氏400度以上になり、すべてが焼きつくされるだろう。軍部にはこうしたメカニズムを理解できない士官もいたが、

47第アメリカ海軍長官を務めた後、初代アメリカ国防長官となったジェームズ・ヴィンセント・フォレスタル。

1945年に史上初の核実験が行われた「トリニティ実験」の記念碑。

この時代にすでにレーダー波を兵器として使用するノウハウが確立されつつあったのだ。

◯ロズウェルUFOは高密度のレーダー波によって墜落した!?

トリニティ実験から2年後の1947年7月、銀色の飛行物体が2機、エル・バド・レイクレーダー基地の上空に現れた。テネスコープ（磁力線可視化装置）によって飛行物体が検知され、速度と飛行方向がレーダー照射装置のオペレーターに報告された。その後、物体に強力なレーダー波を照射すると、物体はすぐに制御不能の状態に陥った。

1機はホワイトサンズの東に位置する標高1800メートルのカピタン山脈の北側尾根に激突してバウンドした後、最終的にはロズウェルの北48キロ付近に位置するコロナ周辺に墜落した。もう1機は、同じくニューメキシコ州ソコロの西に広がるサンアウグスティン平原に墜落したとされている。

UFOリサーチャーのひとり、スタントン・フリードマンは、ロズウェル事件を「2機のUFOが空中で衝突して墜落した可能性がある。地上の装置から照射されたレーダー波によって、推進装置あるいは誘導装置に何らかの不具合が生じたかもしれない。ロケット発射実験が頻繁に行われて

ニューメキシコ州ソコロの西に位置する広大なサンアウグスティン平原。

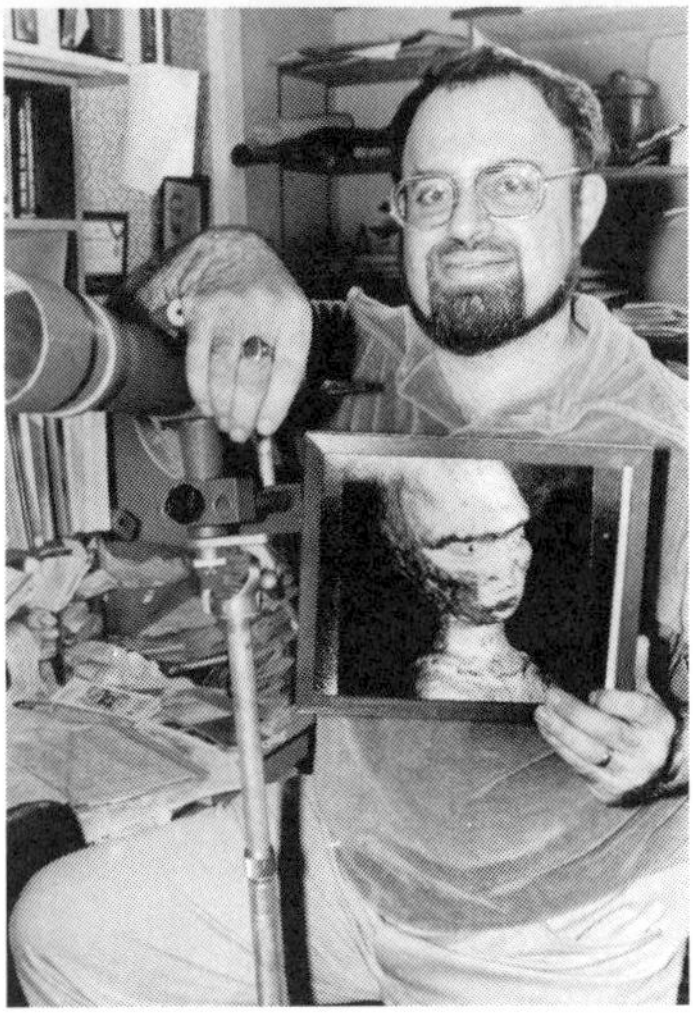

著名なUFOリサーチャーのスタントン・フリードマン。
彼はロズウェル事件のUFOが、地上から照射された
レーダー波によって不具合を起こし、墜落したと指摘している。

いたホワイトサンズからレーダー波が照射されていたことは間違いのない事実だ」と語っている。

そして、このロズウェル事件を機に、〝空飛ぶ円盤〟という言葉が一気に広まった。やはり同事件が、今日も続くUFO対地球軍という図式を決定づけたといっていいだろう。

リヒトホーフェンの円盤撃墜からロサンゼルスの戦い、さらにはオペレーション・ハイジャンプとロズウェル事件を経て、UFO問題は時代の経過とともに常に新しい局面を迎えている。

そして現代——。UFOから名を変えたUAPが台頭し、ペンタゴンはこれを〝国防上の脅威〟として、警戒の念を強めているのだ！

UAPの脅威が迫っている？ ペンタゴンの発表の真意とは？

改めて指摘するが、あのペンタゴンが「歴史的な海軍のビデオ」とまで称して「UFOの実在を認めた」ことは、その正体はさておき、〝エポックメイキング〟な出来事だったといっていいだろう。

筆者が注目したのは、ペンタゴンが「UFOの侵入」という言葉まで使っている点である。新型コロナウイルスの感染爆発で世界的に混乱を来しているこの時期に、ペンタゴンがあえてUFOの

Leased Wire
Associated Press

Roswell Daily Record

RECORD PHONES
Business Office 2288
News Department 2287

ROSWELL, NEW MEXICO, TUESDAY, JULY 8, 1947

RAAF Captures Flying Saucer On Ranch in Roswell Region

Movies as Usual

Levees broke and flood waters rolled into the town of Grand Tower, Ill., but while the manager of the movie theater sweeps out the water that has entered the lobby these youngsters are standing in line for tickets for the night's performance. (AP Wirephoto).

Claims Army Is Stacking Courts Martial

Indiana Senator Lays Protest Before Patterson

House Passes Tax Slash by Large Margin

Defeat Amendment By Demos to Remove Many from Rolls

Security Council Paves Way to Talks On Arms Reductions

No Details of Flying Disk Are Revealed

Roswell Hardware Man and Wife Report Disk Seen

Ex-King Carol Weds Mme. Lupescu

Former King Carol of Romania and Mme. Elena Lupescu relax aboard the S. S. America bound for Cuba and Mexico in May, 1941. A member of Carol's household in Rio de Janeiro said the ex-king and his companion for 23 years in reign and exile were recently married at their hotel Copacabana Palace suite. (AP Wirephoto).

Some of Soviet Satellites, May Attend Paris Meeting

Roswellians Have Differing Opinions On Flying Saucers

American League Wins All-Star Game

Woodburn Compares Farm Progress in Past Twenty Years

Miners and Operators Sign Highest Wage Pact in History

Air Force General Says Army Not Doing Experiments

Cotton Acreage Is Above 1947 Figure

Dairymen of Area Hear Lecture Series

Controls Off on Most All Building

Bulletins

Local Weather

Two Oil and Gas Leases Are Filed

Held for Threatening Father in Law's Life

QUICKIES By Ken Reynolds

Welcome to Roswell

ロズウェル事件発生時、
円盤を捕獲したことを伝える新聞の一面。

実在を公式に認めた意図こそが、UFO＝UAPの侵入にありそうだ。

UFO＝UAPの侵入——。それは、新型コロナのパンデミックを超える〝大事件〟が起こる兆しなのではないのか？　それは、UFO＝UAPを操る〝地球外知的生命体＝異星人〟の大挙飛来を意味するのではないのか？　アメリカ政府がその真実を熟知したからこそ、今回のペンタゴン発表につながった、と筆者は勘ぐっている。

実は、漏れ伝わる情報がある！

2007年から2012年にかけて実施された、ペンタゴンが秘密裏に発足させたAATIPによる調査で、アメリカの上空や世界各国に出現したUFO＝UAPが、人類の脅威となるという結果が報告された。そこでペンタゴンは、新たにUAPTFを設置。その対策と調査を極秘に続行させているのだ。

さらに、アメリカ政府は2019年12月21日、新組織を発足させた。「第6の軍」——すなわち1947年以来、72年ぶりとなる新しい軍「宇宙軍」だ。この創設された宇宙軍は元大統領ロナルド・レーガンのSDI構想を発展させたものだが、それよりはるかに高いレベルで昇華したものに違いない。

ちなみに、当時SDIに組み込まれる予定だったのは、宇宙に配備される兵器として衛星搭載型の粒子ビーム兵器、核爆発をエネルギー源とするX線レーザー兵器、迎撃ミサイルや電磁レールガ

【上段】レーガン大統領のSDI構想において組み込まれる予定だった兵器の数々は、現在も存在し、かつ進化を遂げている。
【下段】2019年12月21日、新宇宙軍の設立を発表するトランプ大統領（当時）。レーガンのSDI構想がルーツとなっている。トランプは、来たるUAPの大挙襲来という緊急事態に備えて発足を早めた。

ンなどだった。このSDIの遺産ともいうべきテクノロジーは、もちろん今も存在し、かつはるかに進化している。

レーガン政権のSDI構想が主な脅威として想定していたのは、旧ソ連のICBM（大陸間弾道ミサイル）だった。だが、前大統領ドナルド・トランプの政権が対象としたのは、地球上に存在する国家ではない。領空内に我が物顔で侵入してくる異星人のUFO＝UAPに脅威を感じたトランプ大統領は、異常なほど宇宙軍の発足を早めたのだ。

漏れ伝わる情報はさらに告げる。この世に存在しえない動きを示すUFO＝UAPの動画を見せられたトランプは、〝UFOの大挙襲来〟を予測して、緊急事態に備えるべく警鐘を鳴らしたのだと……。

UFO＝UAPは今、アメリカの軍事機構に対して大きな脅威となりつづけている。

ペンタゴンは、突然UFO＝UAPの実在を公表し、ショックをいくらか和らげてから、次に起こるであろう〝未曾有の大事件＝UFOと異星人大挙襲来〟を一般大衆に知らせようと画策しているといわれる。

UFOの大挙襲来――。情報どおりなら、すでにわれわれは危険にさらされている！

日本でもペンタゴンの発表を受けて、2020年、当時の河野太郎防衛大臣がすばやい反応を見せた。4月28日に記者会見を開き、次のように語ったのだ。

「万が一パイロットが遭遇した際、映像撮影時の手順をしっかり定めたい」

河野大臣のUFO問題に前向きな姿勢に呼応するかのように、自衛隊幹部も「領空侵犯があれば、迎撃する！」と豪語している。

さらに河野防衛大臣は、自衛隊初の宇宙専門部隊「宇宙作戦隊」を同年5月18に発足させた。UFO問題を無視してきた日本がアメリカに同調するとは、いよいよきな臭くなっている！

UAPの地球襲来――。

これまでにも何度か噂になっているが、いよいよ真実となって、われわれに迫ってきているのだろうか？　答えはまだ見えてはいない。

○対UAP兵器「地球製UFO＝TR‐3B」

だが、もしも〝有事〟――それが現実になったときはどうするのか？

実は対策はすでに、アメリカで着実に練られている！　その主役となるのが、「TR‐3B＝コードネーム：アストラ（以下、アストラ）」である。これはアメリカ空軍が秘密裏に開発したUFOタイプの戦闘機だ。

アストラは、いわば「地球製UFO」であり、三角形の機体に反重力エンジンを搭載し、UFOに匹敵する飛行性能を秘めている。

同機はすでに世界中に出現しており、その見るものを威圧する漆黒の機体は、動画やカメラにも撮られている。

つまり、もしもUAPの攻撃を受けたとき、ペンタゴンはいかに対処するのか？　その答えのひとつがアストラなのだ。何といってもUFOと近似する性能なのだから、これ以上ふさわしいものはない。

漏れ伝わる情報では、2019年7月にミサイル駆逐艦USSラッセルで撮られた三角形UFOの正体は、カリフォルニア沖の警戒空域に侵入・集結したUAPを蹴散らすため出動したアストラだ、ともいわれている。

そしてもうひとつが、ひそかに注目されている「DEW（指向性エネルギー兵器＝Directed-Energy Weapon）」だ。アメリカ各地で、DEWから発射されたとおぼしき無気味な光線の目撃が相次いでいるのである。筆者は、このDEWはすでに「アストラ」に搭載されて、ハイテク兵器化しているのではないかと睨んでいる。

情報では現在、DEWはさらに改良され、マイクロウエーブ兵器としてより進化を遂げているともいう。

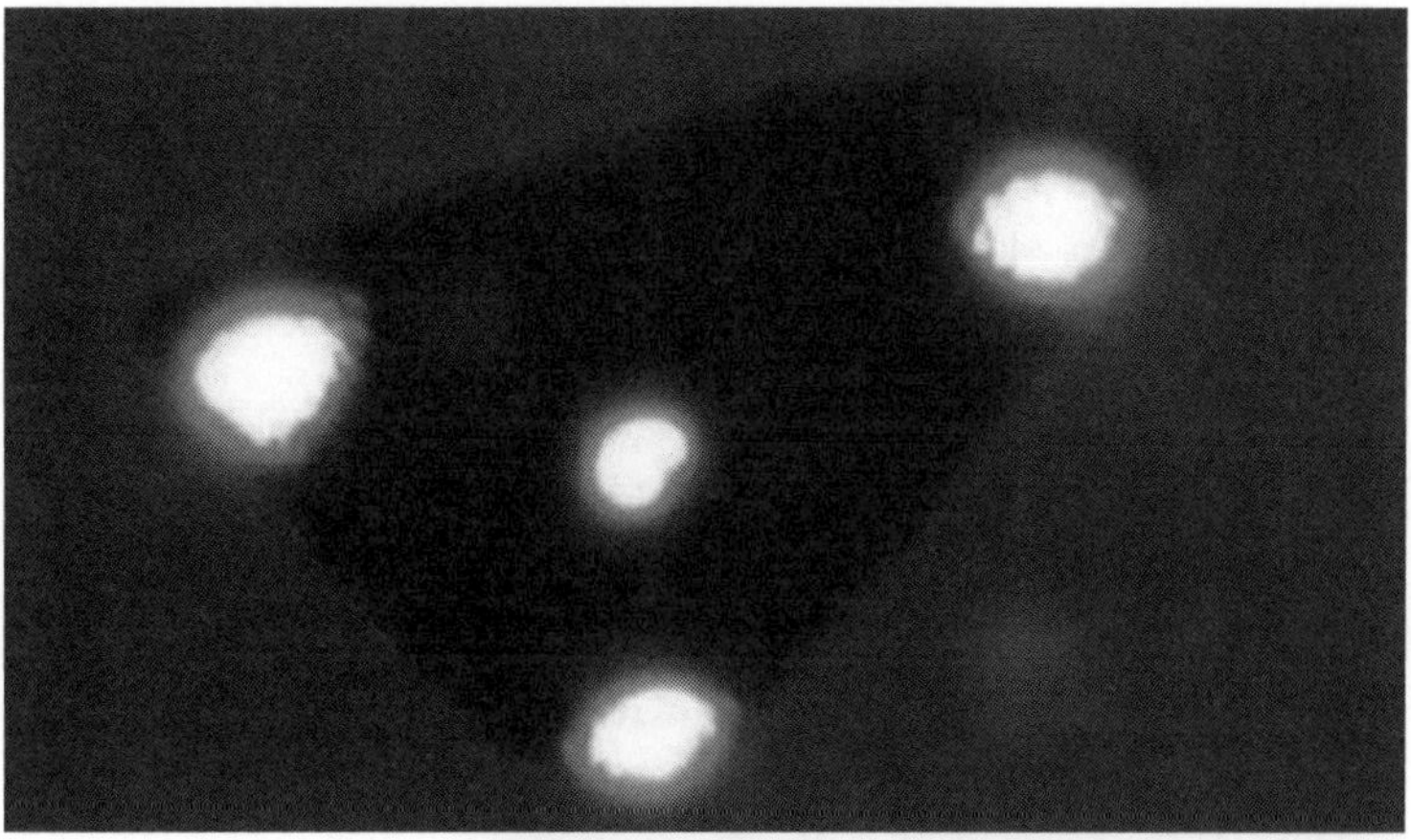

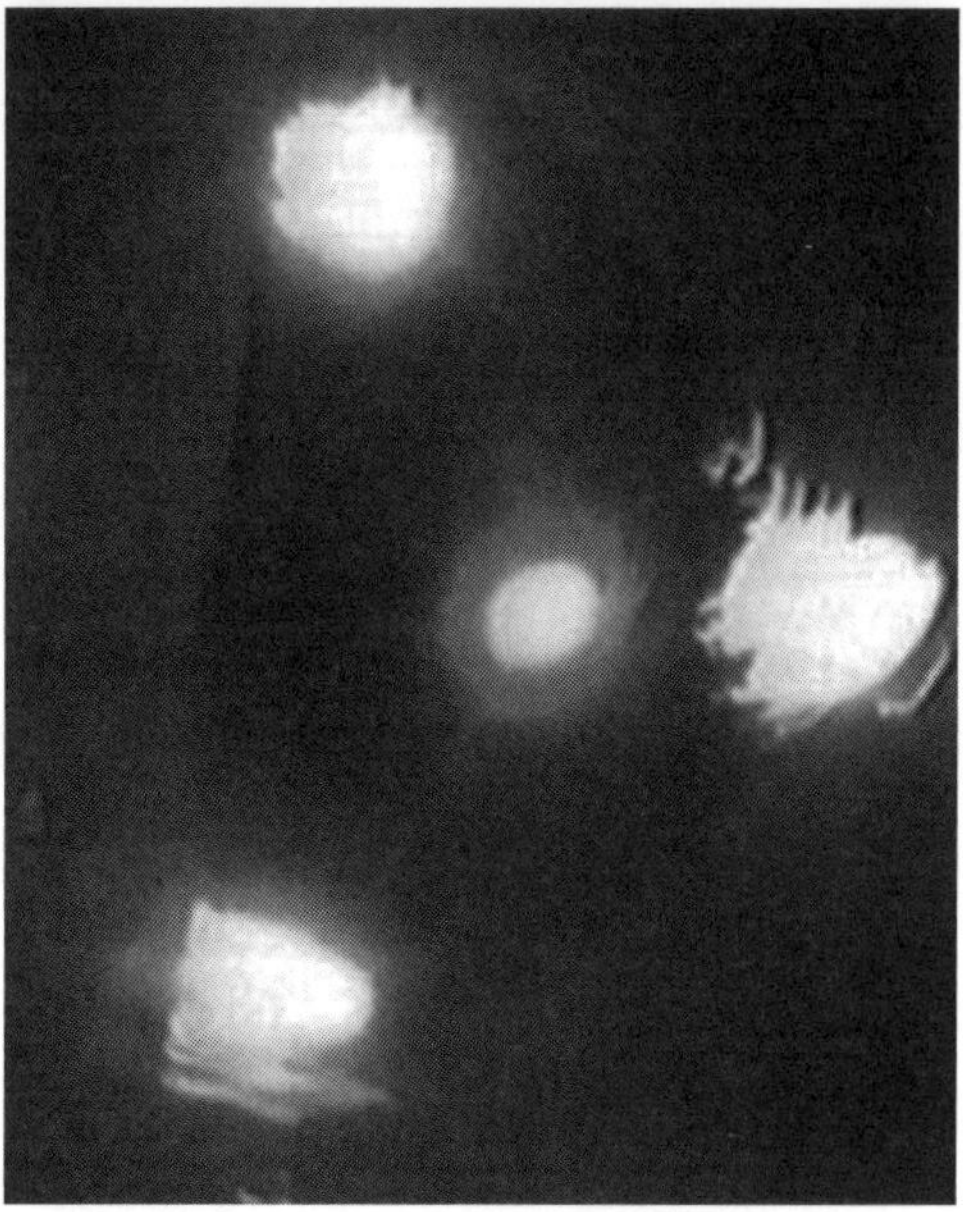

【上段】TR-3Bは以前から目撃されている。この画像は1989年〜90年にかけてベルギー出現したTR-3B。1989年には140件以上もの目撃報告が寄せられている。
【下段】1990年、ベルギーのプティ・ルシェンで目撃されたTR-3B。
延べ1万人以上もの地元住民による「UFOフラップ（集団目撃）」事件として有名である。

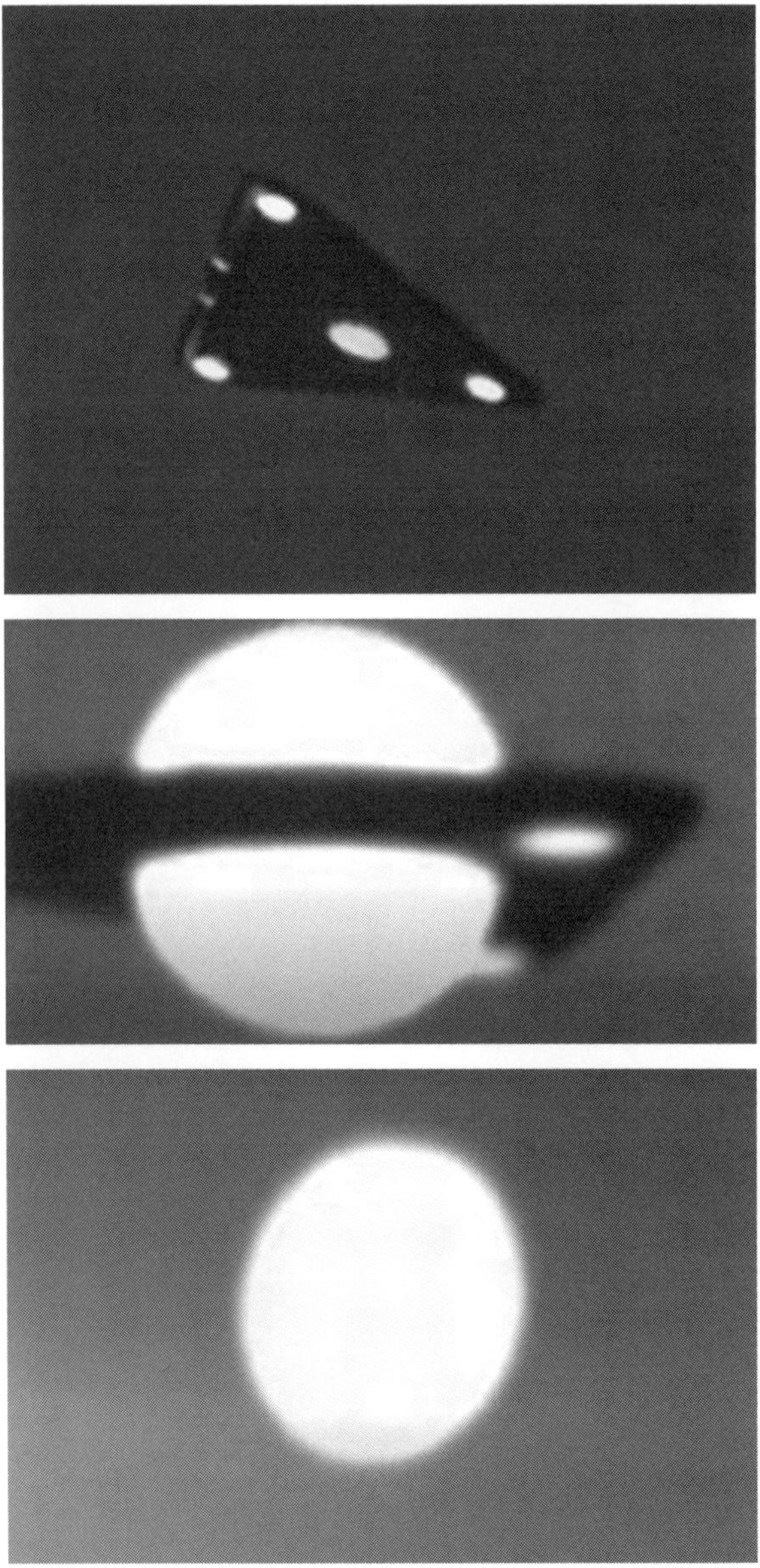

2008年7月、フランスのパリ上空に出現したTR-3B。中央の光が大きく膨らみ、機体を包み込んだ後、一瞬にして姿を消してしまった。TR-3Bが高度な技術を有した代物であることを示唆する映像である。

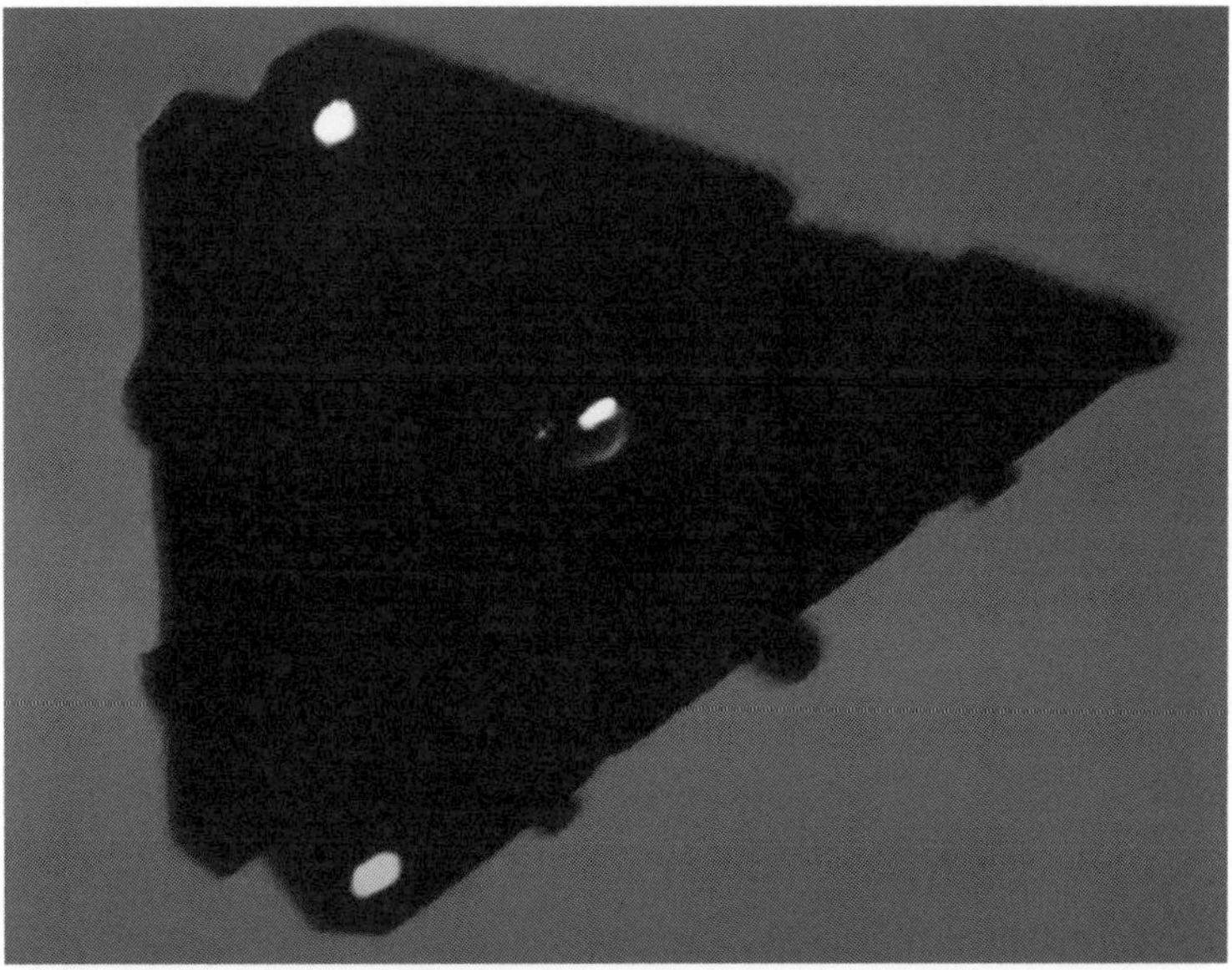

2020年、アメリカの軍事基地上空で撮影されたTR-3B。
ベルギーやフランスの機体とは形状が大きく異なる。
対UAP兵器として完成した姿なのだろうか。

◯UAPを操る異星人へ宣戦布告!!

2020年11月、ホワイトハウスの国家安全保障会議のスタッフが、マイクロウエーブ兵器の攻撃を受けていたことが最近になって報じられ、この種の指向性エネルギー兵器が注目された。

情報では、ペンタゴンはこれをはるかに凌駕する「ハイパー・マイクロウエーブ兵器システム」の配備を決定したという。「開発」ではなく「配備」だ。つまり、驚異的な性能のハイパー・マイクロウエーブ兵器がすでに完成しているのである。そうであれば、アストラに装備され、UAPの攻撃に対処・反撃する有効な兵器とは、まさにDEW、もしくはこのハイパー・マイクロウエーブ兵器以外にはない。

ここ数年、アメリカを中心に大火球の出現が多発している。日本でも目撃した人は数多い。もしかしたら、中にはマイクロウエーブ兵器で撃墜されたUAPが含まれているのかもしれない。

改めて指摘するが、アメリカ政府とペンタゴンは2004年に起きた海軍パイロットのUAP接近遭遇事件を契機にUAPの脅威を再認識し、AATIPを介して、対UFO防衛ラインの準備を進めてきた。

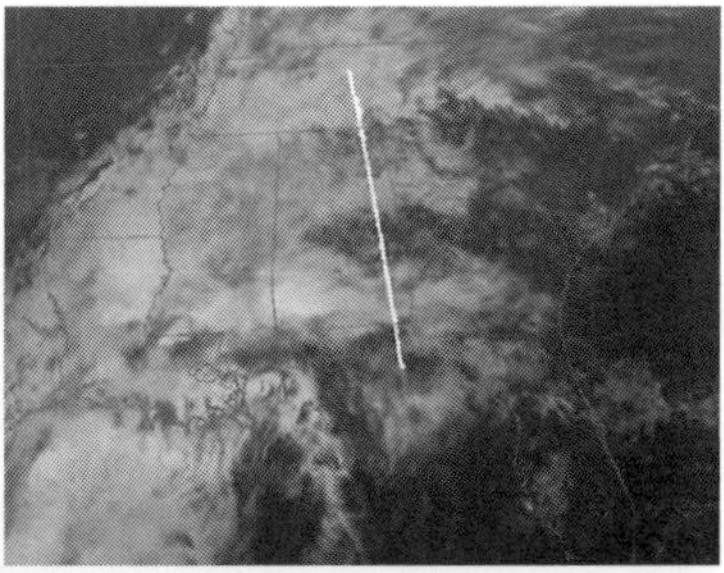
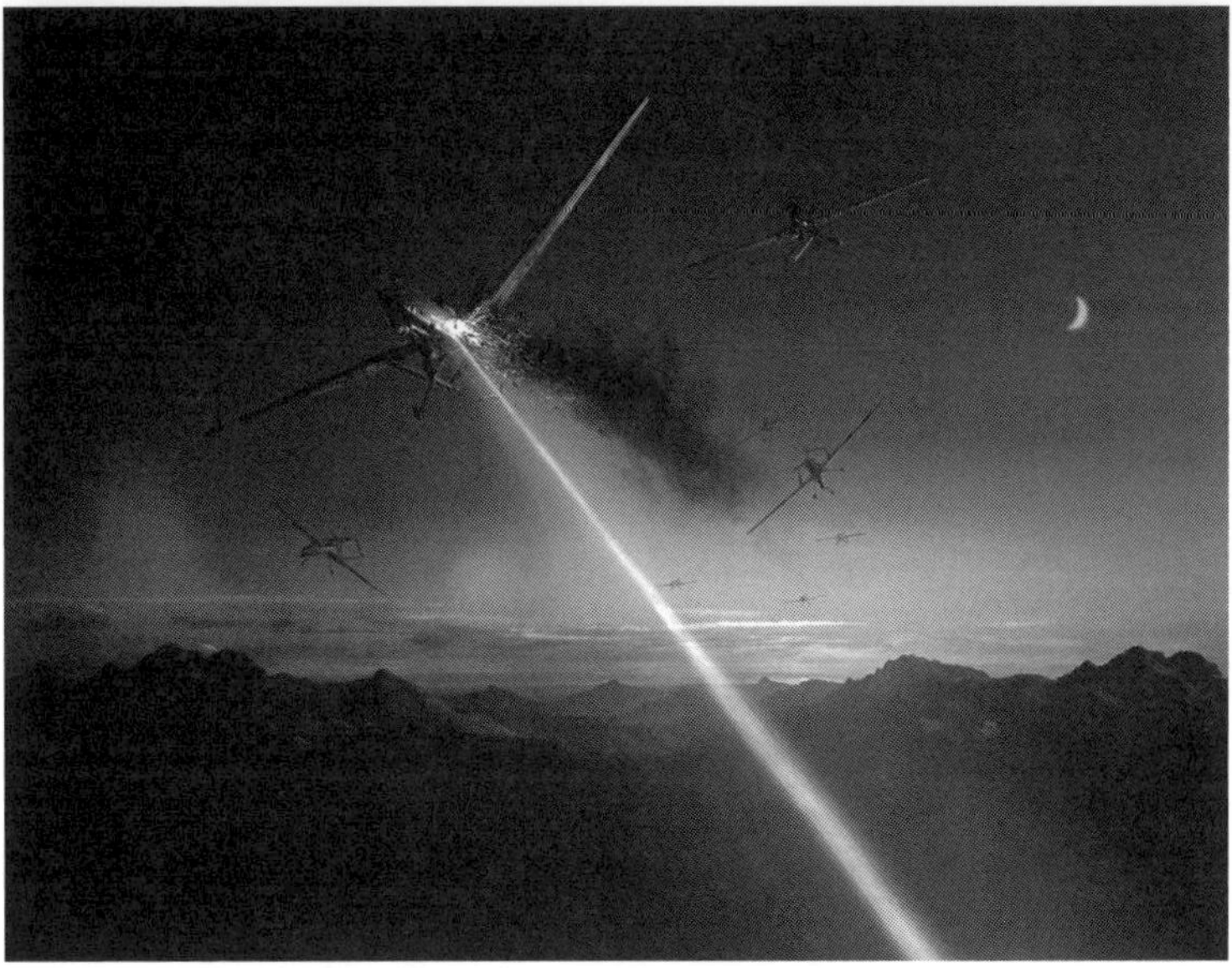

【上段右】気象衛星上でも謎のビーム照射が確認されている。DEWの実験なのか。
【上段左】2020年9月、カリフォルニア州の森林地帯で確認された謎のビーム照射。
【下段】指向性エネルギー兵器DEWのイメージ。

そして2019年には、アストラの前線投入の目途が立ったのだ。

こうした背景があったからこそ、ペンタゴンはUAPの存在と脅威を認めたのである！

また、地球製UFO＝アストラの開発に成功したからこそ、UAPTFに先立つ形で2019年末、ペンタゴンは改めて宇宙軍を設置したのだ。

ちなみに宇宙軍の要綱には、「宇宙に対する攻撃および宇宙からの攻撃の抑止」が含まれている。つまり、〝宇宙戦争〟が想定されていることになる。それが現実となったとき、地球防衛を一手に担うのが超兵器化したアストラであり、宇宙軍なのだ。

地球製UFOと宇宙軍――。

ペンタゴンがUAPを脅威と認識したとす

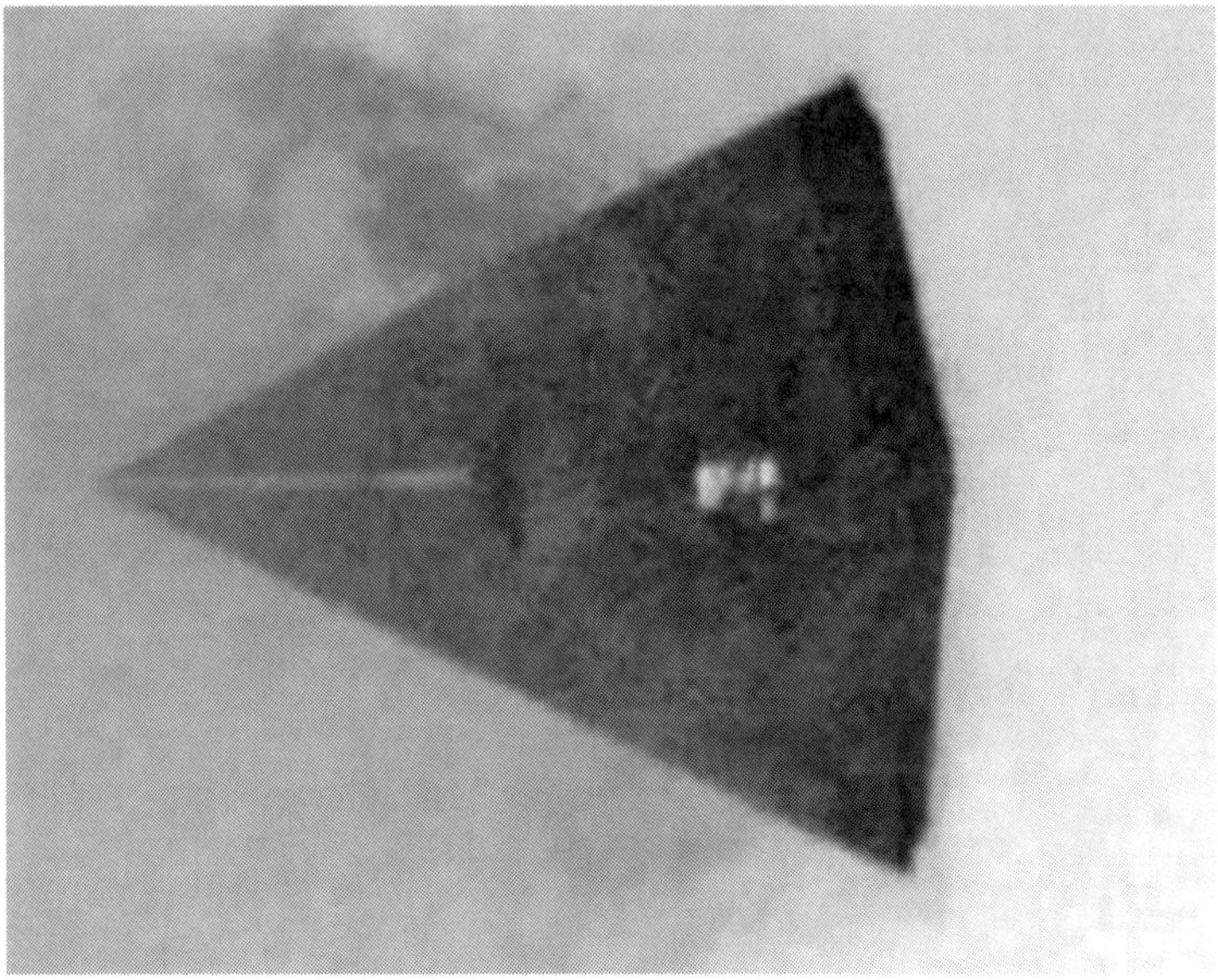

2021年、エリア51近郊で撮影されたというTR-3B。DEWを搭載した機体を用いて、アメリカは来たる宇宙戦争に備えている。

る報告書は、ＵＡＰを操り、領空侵犯する異星人に対するアメリカからの、宣戦布告だったのである！

巻末 チックタックUAP映像解析レポート

最後に、筆者が主催するJSPSのメンバーでもあり、UFO観測装置「SID—1」の開発者でもある北島弘氏が、アメリカの研究団体MUFONなどが使用する最新機器を用いて、チックタックUAPの速度と大きさを算出した。

当研究会の機関誌で発表する予定だったものを一部抜粋してご紹介したい。数字の表記や記号など、かなり専門的な分析結果となっている。だが、今後のUAP研究における貴重な資料のひとつとして、ぜひともご覧いただきたい。

チックタックUAPの速度と大きさ

正確な速度と物体の大きさを求めるには、ATFLIR（F／A－18スーパーホーネット搭載の赤外線追尾装置）からチックタックＵＡＰ（以下チックタックとする）までの距離が必要となるため、次の仮定条件を採用した。

・パイロットと米国カリフォルニア州サンディエゴ沖の大西洋の空母ニミッツのレーダー技師などの証言からF／A - 18スーパーホーネット戦闘機（以下スーパーホーネットとする）から海面上のUAPまでの距離を2万フィート（6・096キロ＝6096メートル）とする。このときのスーパーホーネットの実際の高度は2万5000フィート（7620メートル）。この数値は、ATFLIRのコンソールディスプレイに表示されている。

まず、分析するうえで、動画の縦横比が重要である。公開された映像の縦横比は、それぞれ542対542。だが、基本となる映像の縦横比は640×480。つまり、公開された画像及び流出した画像は、トリミングされたものであることがわかる。おそらくこの画面の外側には軍の機密事項に関する部分が映っていたのかもしれない。

物体が移動する速度を求めるためには「単位時間あたりの位置の変化」で求められる。単純に速度を割り出す原理として、速度（V）は、

V = (x(t1)- x(t2))（位置の変化）/(t1- t2)（移動するのにかかった時間）

で算出できる。

スーパーホーネットのATFLIRは図示したとおり機体の水平線から27度下向きにチックタックを捉えている。このことからそれぞれの位置関係が推測される。証言を元にスーパーホーネットから海面上のチックタックまでの距離を2万フィート（6096メートル）として、6096メートルからチックタックの高度が求められる。

動画を元に計算すると、スーパーホーネットから垂直に海面までの距離（高度）が2万5000フィート（7620メートル）なので、このことから海面からチックタックまでの高度は2188メートルと求められる。このことからチックタックは海面すれすれではなく、海面上空2188メートルを高速で移動していたことがわかる。

チックタックとスーパーホーネットは互いに高速で飛行しているので、この動画からチックタックの絶対速度を導き出すのはかなり難しい。そこで今回は、背景差分法とピクセル差分法を用いた。

動画中の移動物体を抽出する従来の方法として、主に次のふたつが挙げられる。

1背景差分などの差分処理を用いる方法

2物体の移動方向を示すオプティカルフローを用いる方法

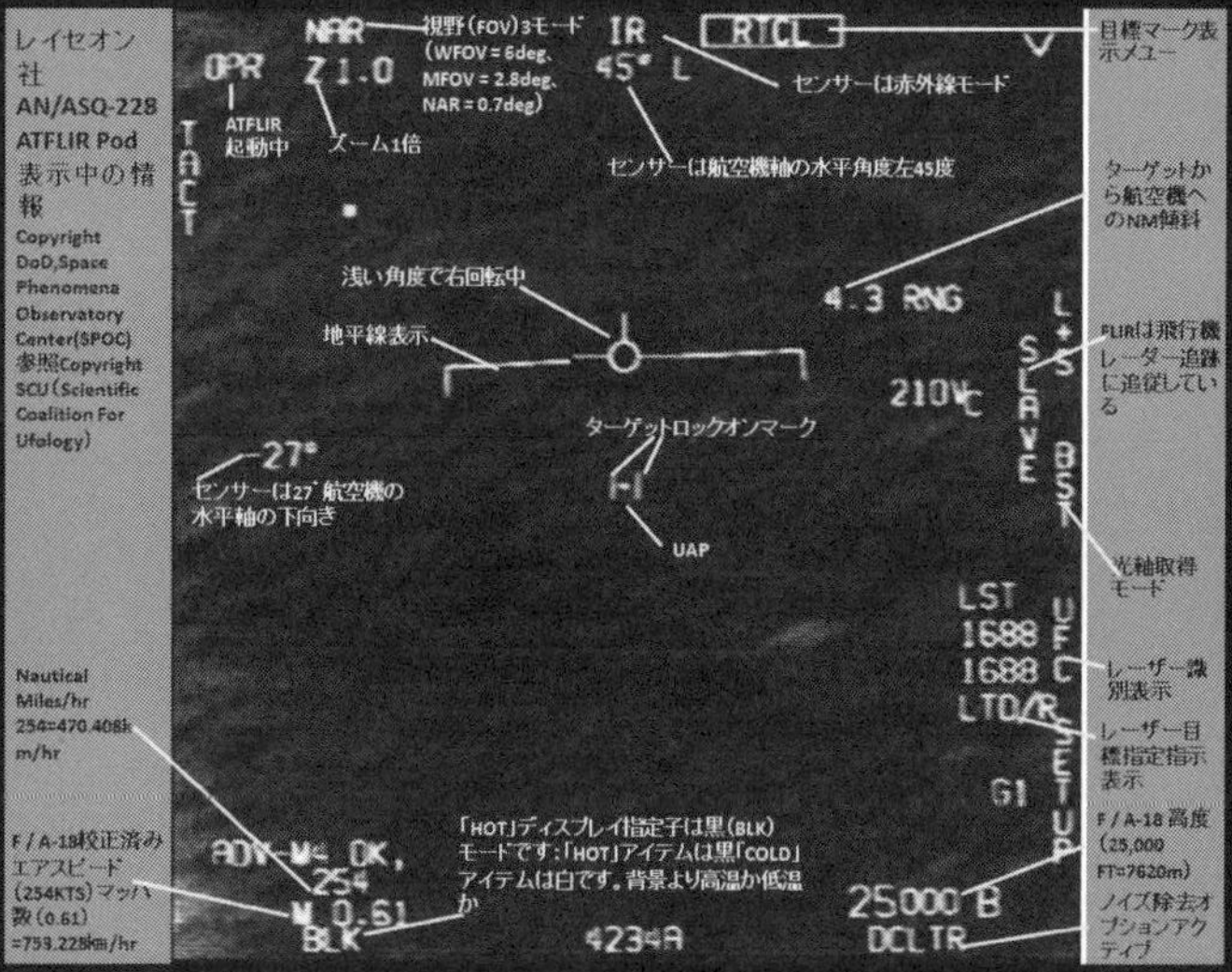

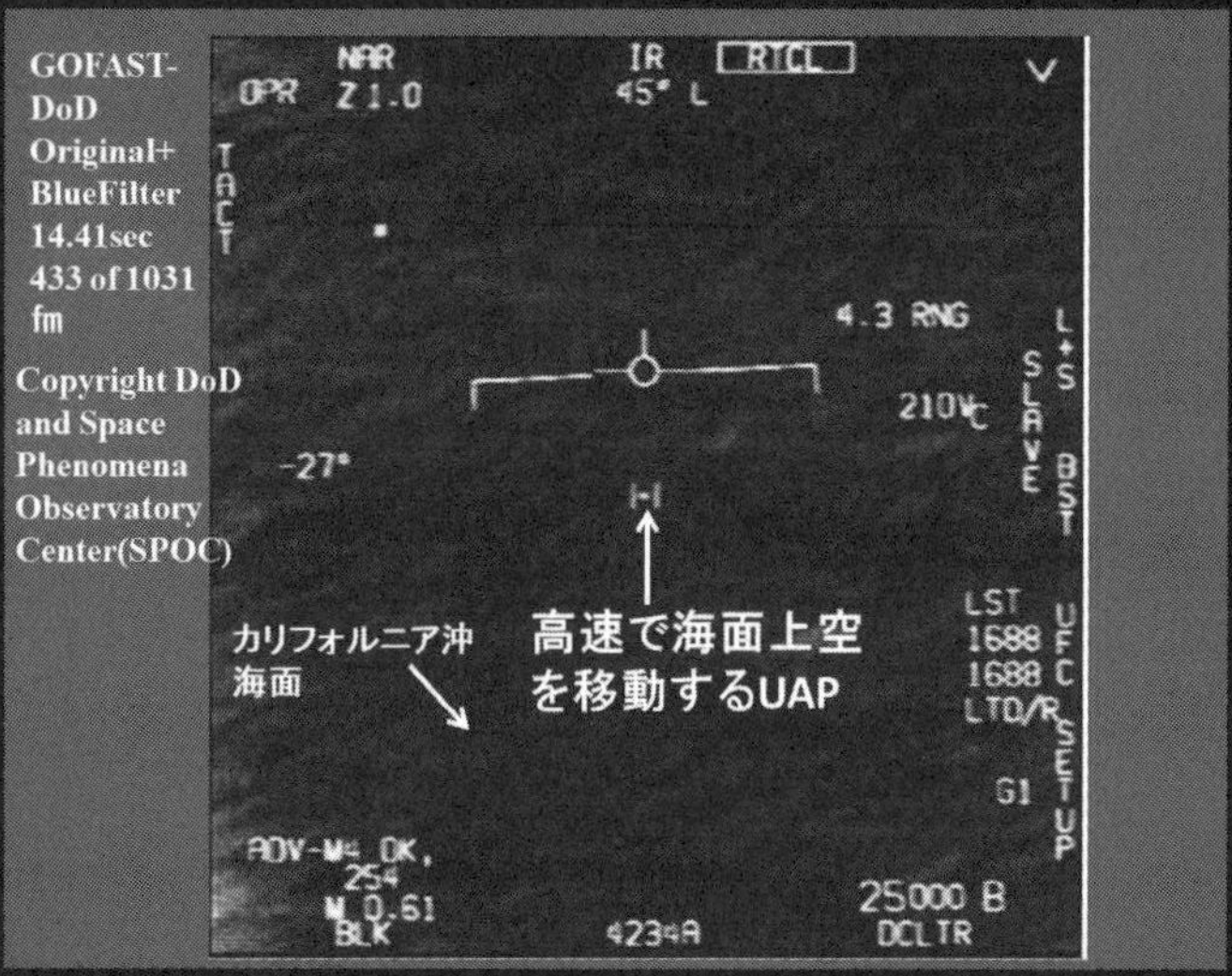

【上段】スーパーホーネットのＡＴＦＬＩＲコックピットデジタルディスプレイの情報
（ＳＣＵ＝Scientific Coalition For Ufology）。
【下段】カリフォルニア州サンディエゴ沖の大西洋上を高速で飛行するチックタック。
両側の白い縦線はロックオンインジケーター。

まず、1の方法では、一般に背景画像が比較的容易に得られる場合には背景差分法が用いられ，背景が安定して得られる状況にない場合にはフレーム間差分法が用いられる。しかし、フレーム間差分法のみでは物体が一時的に静止している場合などには対応できない。

一方、2の方法は動体の動きを求めるのには有用であり、オプティカルフロー自体を求める手法についてもさまざまな方法が提案されている．しかし、その計算量は膨大であり、リアルタイム処理には向いていない。

また、チックタックは等速直線運動とは限らないので、長い移動距離ではなく、できるだけ短い移動距離での速度計算とした。微小時間の運動は真っ直ぐな一定速度の運動と近似できることからその短い距離での移動は等速直線運動と見てよい。

一般的には、スーパーホーネットの速度とチックタックの速度は相対速度となり、今回の公開動画からだけでは求めるのはかなり困難である。そこで、動画を見てもわかるが、ATFLIRがチックタックを追尾する様子が見て取れるように、ロックオンした後（12・21秒、367フレームから）は高速で移動するチックタックを正確に追尾している。

おそらくATFLIRの赤外線カメラ自体は360度の自由度があるので、向きを変えながら追跡撮影していることがわかる。チックタックはほぼ常に画像の中心点あたりで捉えられている。このことからこのチックタックを記録しているATFLIRの赤外線カメラの部分を、空間で固定さ

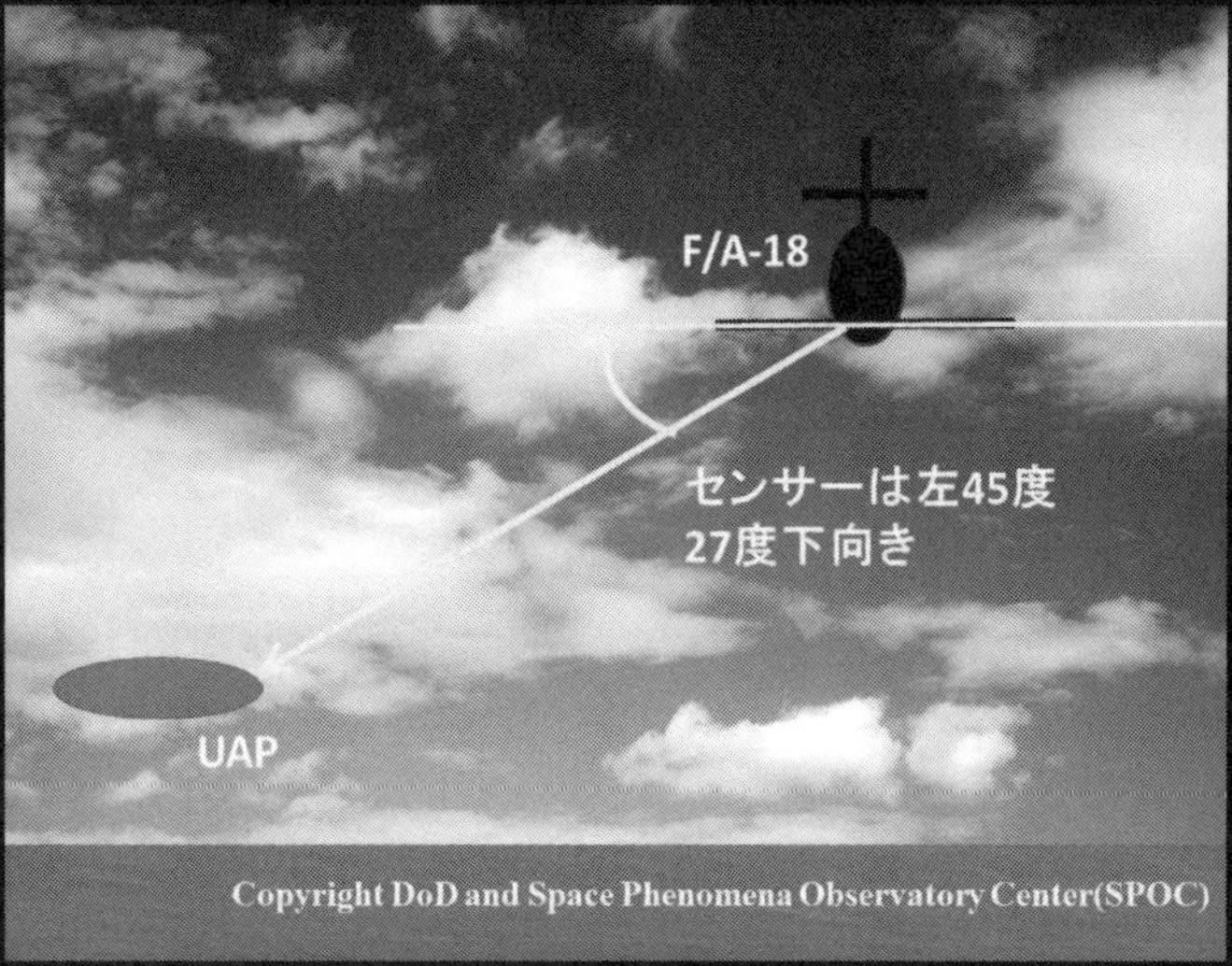

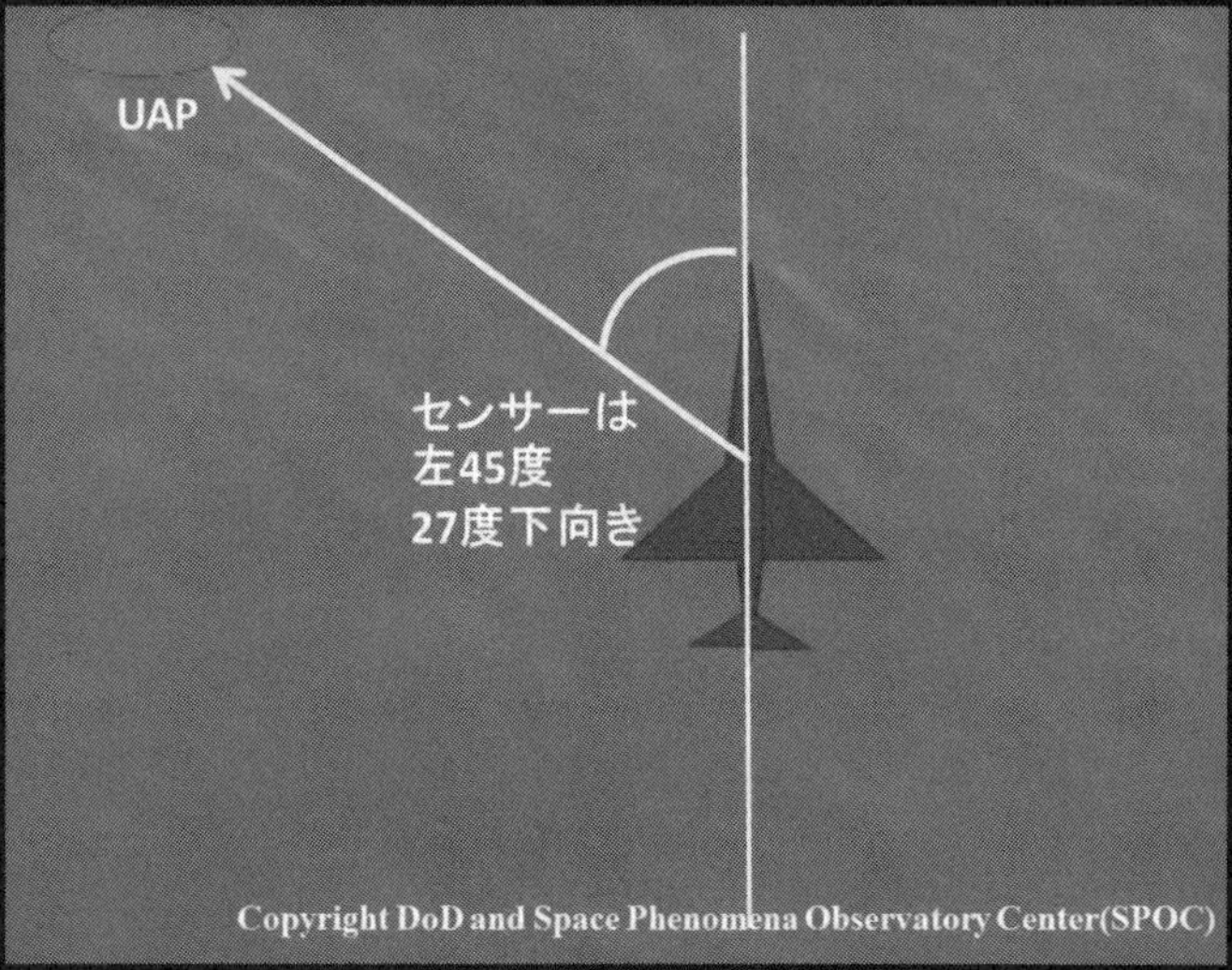

【上段】 ロックオン時、スーパーホーネットのＡＴＦＬＩＲは、
図のように機体の水平線から27度下向きにチックタックを捉えている。
【下段】 機体の軸線から見ると、ロックオン時は45度左向きにチックタックを捉えている。

れた観測点として仮定すれば、容易にチックタックの速度が背景差分法とピクセル差分法を用いた計算により求めることが可能となる。

チックタックをマイクロメータで画面上でのロックオン直後の移動角度を測定する。1フレームに移動した角速度が0・06952度となる。したがって三角関数、三角形の底辺（この場合はチックタックとATFLIRの距離）と傾斜角（この場合は移動角速度）から高さ（この場合は移動距離）を計算する。

θ＝二辺の内角（チックタックが移動したときの角速度）

a＝スーパーホーネットからチックタックまでの距離

b＝チックタックの移動距離

b＝a tan θ

1フレームに移動した距離は7・3967メートルとなり、一秒間だと246・56メートルとなる。

時速に換算すると887616メートル。つまり、時速887キロとなる。

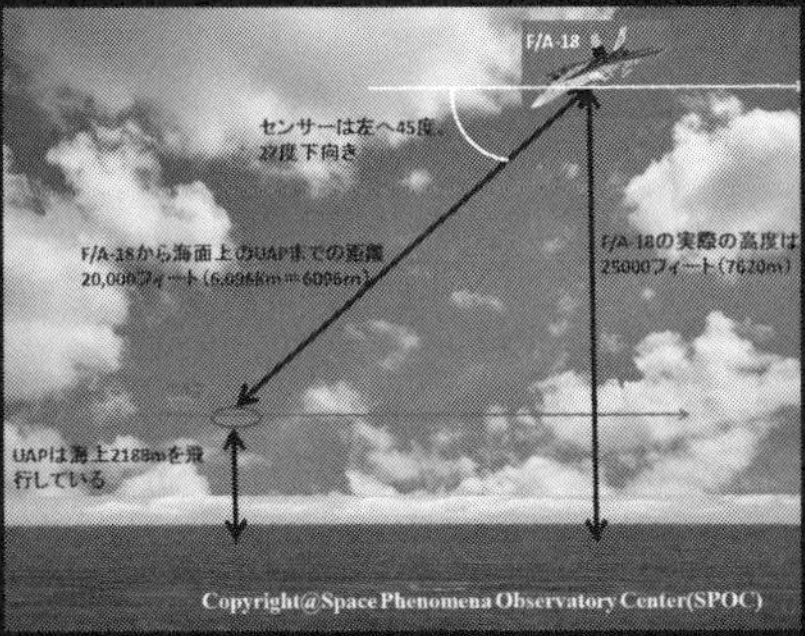

スーパーホーネットとチックタックの位置関係をまとめた図。

マッハ0・718である。かなりの高速で移動していることがわかる。

形状はまったく異なるが、算出された速度と例えばトマホークの様な巡航ミサイルと比較すると参考にトマホークの特徴は、
・全長（ブースター除く）：5・56メートル
・翼幅：2・67メートル
・直径：0・52メートル
・速度：時速880キロ（速度は今回のビデオ解析とほぼ一致している）

ロックオン前の動画におけるチックタックの速度

ATFLIRがチックタックをロックオンしようとして3回失敗し捉えきれない様子がわかる。4回目でロックオンすることに成功。この場合の速度は、時速152キロとなり初期のセスナなどのプロペラ軽飛行機並である。しかしロックオンされた後に急激な加速度と共に速度をおよそ6倍に一気に加速したと考えられる。その後すぐチックタックが危険はないと（知的に？）判断したのか、それ以上に加速することはなかった。一瞬の急激な加速度が可能なチックタックならもっと速

度は出せたかもしれないのに、である。

チックタックの大きさ

同様にチックタックをマイクロメータで画面上での大きさを測定する。チックタックの大きさは画角0・088度となる。同様の計算で、チックタックの大きさ（直径）は18・726メートルとなる。この18・7メートルという大きさは、大型トレーラー一台分の大きさである。また、このチックタックはカプセル状で、長軸と短軸の比は1・8対1・0という特徴もある。

（北島　弘）

参考資料

月刊「ムー」

1997年7月号（学研）

2015年4月号（学研）

2015年7月号（学研）

2018年12月号（学研）

2021年9月号（ワン・パブリッシング）

SCU REPORT（Scientific Coalition For Ufology）

New York Times

主な参考サイト

・Mysterywire.com

・warzone.com

・popular mechanocs.com

・ufosightingsdaily.com

・military.com

あとがき

近年になってアメリカ軍の戦闘機や軍艦が、さまざまな種類の未確認飛行物体と遭遇している。今日までUFOと呼ばれてきたが、ペンタゴンはUAPと名を変えて調査活動を開始している。UFOが世界的な話題となった1947年以降、UFOであれUAPであれ、本質は何ら変わっておらず、今なお同じ現象が起こっている。UFO現象は、これから先もなくなることはないだろう。つまり、「チックタックUAP」は、過去から現在まで、ずっと普遍的に存在しているということだ。

本稿執筆中、JSPS研究局の丹羽公三氏から、UAPTFが解体され、新たにUAP調査組織が発足する！　との情報がメールが送られてきた。

ニュースソースは、米下院軍事委員会で承認された2022年度国防権限法（NDAA）「HR4350」で、UAPに関する新たな義務をペンタゴンに課すと記されている。

「HR4350」は、2021年9月2日に下院軍事委員会で承認されたが、法案では、「未確認空中現象」を「パイロットや乗組員が目撃した、すぐには識別できない空中の物体」と定義している。

この法案は、制定後180日以内に、国防長官が国家情報長官と協議の上、UAPTFに代わって「国防長官室内に新しいオフィスを設置しなければならない」とあり、UAPTFの活動が終了することになる。

法案には、新しいUAPオフィスに対する「任務」について、「未確認空中現象と敵対する外国政府、他の外国政府、または非国家主体との関連性の評価」「そのような事件がアメリカにもたらす脅威の評価」などが挙げられている。今後も、法案により新たに発足される「UAP調査組織」の活動に注視していきたい。

さて、今回本書の執筆にあたり、データ収集に絶大な尽力をいただいたJSPSの丹羽公三、雲英恒夫、遠野そら、北島弘、礒部剛喜らスタッフ諸氏、そして海外情報の翻訳に当たった盟友の宇佐和通氏に、この場を借りて厚く御礼申しあげたい。

最後になるが、発刊にあたって本書の出版を強く奨めてくれた、㈱ワン・パブリッシング、ムー・ブックス編集長の三上丈晴氏に、末尾を借りて感謝の意を表する次第である。

2021年10月吉日　並木伸一郎

【著者】
並木伸一郎（なみき・しんいちろう）
1947年生まれ、早稲田大学卒・電電公社（現NTT）勤務ののち、奇現象、特にUFO・UMA問題の調査・研究に専念。海外の研究家とも交流が深く、雑誌やテレビをはじめ、近年ではYouTubeチャンネル「Namiki Mystery Channel」を開設し、幅広く活動している。イギリスUFO研究団体ICER日本代表、国際フォーティアン協会日本通信員、日本宇宙現象研究会会長などを兼任している。著者および監修書に『ムー認定シリーズ』『だれも知らない都市伝説の真実』『宇宙オーパーツFILE』（ともに学研）など多数ある。

ムー・スーパーミステリー・ブックス
機密解除!! ペンタゴンの極秘UFO情報

2021年12月10日　第1刷発行

著　者　並木伸一郎
発行人　松井謙介
編集人　長崎有
編集長　三上丈晴
発行所　株式会社　ワン・パブリッシング
〒110-0005　東京都台東区上野3-24-6
印刷所　中央精版印刷 株式会社
製本所　中央精版印刷 株式会社

●この本に関する各種お問い合わせ先
本の内容については、下記サイトのお問い合わせフォームよりお願いします。
https://one-publishing.co.jp/contact/
不良品（落丁、乱丁）については　Tel 0570-092555
業務センター　〒354-0045 埼玉県入間郡三芳町上富279-1
在庫・注文については、書店用受注センター　Tel 0570-000346